海洋点亮教育

带你一起面向海洋，面向未来！

# 给青少年的海洋课

## 海洋教育优秀案例集萃

自然资源部宣传教育中心　编

中国海洋大学出版社
·青岛·

图书在版编目（ＣＩＰ）数据

　　给青少年的海洋课 : 海洋教育优秀案例集萃 / 自然
资源部宣传教育中心编. — 青岛 : 中国海洋大学出版
社, 2024.5
　　ISBN 978-7-5670-3490-7

　　Ⅰ. ①给… Ⅱ. ①自… Ⅲ. ①海洋学—青少年读物
Ⅳ. ①P7-49

　　中国国家版本馆CIP数据核字(2023)第075944号

| | |
|---|---|
| 书　　名 | 给青少年的海洋课——海洋教育优秀案例集萃<br>GEI QINGSHAONIAN DE HAIYANG KE —— HAIYANG JIAOYU YOUXIU ANLI JICUI |
| 出版发行 | 中国海洋大学出版社 |
| 社　　址 | 青岛市香港东路23号　　邮政编码　266071 |
| 出 版 人 | 刘文菁 |
| 网　　址 | http://pub.ouc.edu.cn |
| 订购电话 | 0532-82032573（传真） |
| 责任编辑 | 张　华 |
| 照　　排 | 青岛光合时代传媒有限公司 |
| 印　　制 | 青岛国彩印刷股份有限公司 |
| 版　　次 | 2024年5月第1版 |
| 印　　次 | 2024年5月第1次印刷 |
| 成品尺寸 | 158 mm × 220 mm |
| 印　　张 | 13.75 |
| 印　　数 | 1～2000 |
| 字　　数 | 228千 |
| 定　　价 | 68.00元 |

如发现印装质量问题，请致电0532-58700166，由印刷厂负责调换。

《给青少年的海洋课——海洋教育优秀案例集萃》

# 编委会

---

主　编　夏　俊　李　航

副主编　邵文台　李　一

编　委　柳　茵　高　婕　蔡紫南　王宪廷

　　　　王　红　刘思硕　宋亚萍　王敏敏

海洋对于人类社会生存和发展具有重要意义，海洋孕育了生命、联通了世界、促进了发展。习近平总书记指出，"要进一步关心海洋、认识海洋、经略海洋，推动我国海洋强国建设不断取得新成就"。

加强青少年海洋教育，提升全民海洋意识，是建设海洋强国的重要基础。党的十八大以来，我国海洋事业发展取得历史性成就，海洋综合实力跃上新台阶，海洋教育工作也得到蓬勃发展，海洋知识"进学校、进教材、进课堂"活动成效显著，以海洋教育为特色的中小学校在沿海和内陆地区不断涌现，全国涉海类高校超过200所，世界海洋日暨全国海洋宣传日、全国海洋知识竞赛、"海洋人物"宣传发布、全国海洋意识教育基地、全国大学生海洋文化创意设计大赛等海洋宣传和海洋科普活动深入开展，各类海洋主题的新媒体产品广泛传播，深受广大青少年和社会公众的欢迎，为在全社会普及海洋知识、传播海洋文化、提升海洋意识发挥了积极作用。

为推动青少年海洋教育深入开展，我们不断总结青少年海洋教育经验，开展了海洋教育优秀案例征集活动，并从中选取24篇优秀案例汇编成册，其中小学阶段海洋教育案例6篇、中学阶段海洋教育案例6篇、大学阶段海洋教育案例4篇、综合类海洋教育案例8篇。这些案例既包括青少年海洋教育课程设计，也有海洋教育实践活动，是沿海和内陆地区海洋教育特色学校及相关单位的一次海洋教育经验总结，对于各地深入开展青少年海洋教育必将起到有益的交流借鉴作用。

在习近平生态文明思想指引下，我国正在构建从山顶到海洋的保护治理大格局。面对海洋教育发展的新形势、新机遇、新挑战，需要各方携手同心，进一步优化海洋教育课程，丰富海洋教育活动，建设海洋教育人才队伍，强化海洋教育国际合作，努力探索促进海洋教育多元发展的新路径，推动海洋教育高质量发展，为共同建设美丽中国、建设人与自然和谐共生的中国式现代化贡献力量。

感谢中国海洋大学出版社为本书出版付出的辛苦劳动！感谢有关学校、单位给予的大力支持！由于时间仓促，编者水平有限，不当之处请广大读者批评指正。

编者

2023 年 9 月

目录          Contents

## 综合篇

## 小学篇

## 中学篇

# 大学篇

综合 篇

# 《海洋公开课》

## ——让海洋强国之风深入人心

　　围绕"海洋强国"这一国家战略，在自然资源部宣教中心的指导下，由福建省广播影视集团、新华网联合出品，联合中国海洋大学、中国科学院海洋研究所、厦门大学、中国海洋石油集团有限公司等多家海洋学科前端单位共同制作的《海洋公开课》，用"电视公开课"的表现形式，让观众沉浸式探索神秘浩瀚的蓝色宝藏——海洋。

　　作为全国首档海洋文化类知识交互节目，《海洋公开课》2023年6月8日晚于东南卫视、海峡卫视电视端及新媒体端同时播出。节目播出后，全网传播量超过1.7亿，收获全网热搜榜单超过15个。同时，节目在包括人民日报、新华网在内的30个网络直播平台，直播

《海洋公开课》现场

观看总量超过 5000 万人次。此外，节目短视频播放总量破 6000 万次，节目相关话题登知乎热榜前十位。

## 院士、专家同台授课，打造"破圈"讲堂

《海洋公开课》邀请中国科学院院士汪品先、戴民汉，中国工程院院士周守为，"蛟龙"号总指挥刘峰，国家深海养殖项目首席科学家高勤峰，中国首位大洋深潜女科学家唐立梅，中国科学院海洋所研究员徐奎栋等海洋学界顶尖科学家、科研机构专家，以及人民海军战士、海洋环保组织志愿者同台授课，打造"破圈"讲堂。

中国科学院院士、海洋地质学家汪品先院士是 82 岁高龄时 3 次潜入 1400 米的深海勇士，也是 B 站百万粉丝 up 主。他在节目中生动地讲述着海洋里的神秘故事，以强大的感染力深深触动了观众。

中国科学院海洋研究所研究员徐奎栋将深海研究与《海错图》相结合，配合 AR 技术，揭秘海洋生物的多样性，用妙趣横生的方式传

《海洋公开课》宣传海报

中国科学院院士汪品先

海洋环保志愿者李波

海军代表郭燕讲述撤侨故事

递海洋科学知识。海洋环保志愿者李波通过环保短片展示海洋被白色垃圾污染的全过程；戴民汉院士则深入浅出地阐述了海洋碳循环与人类生存环境的紧密关系，传递"人类的未来与海洋息息相关"的理念。

《海洋公开课》还以"守护深蓝轨迹"为主题，讲述了中国海军多次护航撤侨的经历，诠释中国的"大国担当"。

## 虚拟现实助力，沉浸式探索海洋

《海洋公开课》舞台通过 XR 技术完成虚实结合，呈现出波澜壮阔的海洋世界，海浪卷起定格的瞬间使观众仿佛身临其境。

"深海奇幻之旅"篇章，中国首位乘"蛟龙"潜入大洋的女科学家唐立梅置身 AR 技术打造的"观光电梯"中，化身为深海之旅讲解员，随着下潜深度变化，生动讲解海底不同深度区域的生态环境和生物特征。

而模拟试验、海上课堂也让观众对我国深潜器的研发有了更深入、更直观的了解。节目现场设置了超大型压力试验现场模拟深海高压；周守为院士则通过半浮潜试验，模拟"深海一号"如何在洋流和风浪中保持稳定作业。在第二现场，"科学"号科考船船长梁喜祥以海上课堂的方式带领学生们探秘海洋科考船的高科技。

《海洋公开课》将海洋文化进行了趣味化、形式多样化的呈现，积极响应国家的海洋强国战略，不仅让观众能享受到科学带来的乐趣，也让海洋强国的理念更加深入人心。

（福建省广播影视集团）

《海洋公开课》现场

福建省广播影视集团

# "深海院士"汪品先

## ——以赤子之心带领海洋科普"远航"

　　2023 年 3 月 4 日，"感动中国"2022 年度人物揭晓，集体奖花落"银发知播"群体。他们平均年龄为 77 岁，由两院院士、大学教授和中小学老教师组成，通过短视频和直播等形式传播科学和人文知识。87 岁的同济大学海洋与地球科学学院教授、著名海洋地质学家、中国科学院院士汪品先就是其中一位。

　　汪品先院士一生都在和海洋打交道，在他看来，将科研成果用通俗的语言告诉大众，是科学家的责任与使命。科学不该是象牙塔里的自娱自乐，科学家应走出书斋，影响每一颗渴望知识的心灵。无论科

以汪品先院士等为代表的"银发知播"群体获"感动中国"2022 年度人物

研还是科普，他所做一切皆是为了有朝一日中国的深海科学研究能跻身世界前列。

# 一、"深海院士"的海洋科普之路

## （一）

2017 年，汪品先院士在同济大学开设"科学、文化与海洋"通识人文素养课程。本课程由汪品先院士主讲，同时邀请华东理工大学钱旭红院士和中国科学院三亚深海科学与工程研究所所长、同济海洋学院兼职教授丁抗研究员，讲授科学与文化的关系。课程共 8 讲，授课时间为每双周二晚上，不仅吸引了校内师生踊跃参加，还有不少校外听众专程赶来聆听讲座。同年，由汪品先院士倡导发起，郭振堂院士、李家彪院士及黄奇瑜教授供稿的"华夏山水的由来"专题，在《中国科学：地球科学》杂志上发表，讲述了长江、台湾岛、东海、秦岭和黄土高原的"前世今生"。

## （二）

2018 年上海书展，汪品先院士主编的"深海探索"系列丛书新书首发，全套 6 册图书图文并茂，轻松科普。新书发布会现场汪院士带着这套新书与《新闻晨报》的小记者们一起分享了深海科学的探索经历。

## （三）

2020 年 3 月 1 日，汪品先院士"科学、文化与海洋"通识讲座免费视频上线。这门视频课程的目的是让大众了解科学就是文化，科

"深海探索"系列丛书

小记者们与汪院士合影

2018 年上海书展新书发布会

通识课 APP 页面

学创新要有文化元素。除了在线讲解，汪品先院士还和学生展开线上讨论，激发思想火花，在科学和文化间构筑桥梁。

2020 年 9 月 25 日，"院士科普进商圈"之"深海奇遇"科普互动展在上海拉开帷幕。展览为期 3 个月，采用多种数字展示手段，展现了我国深海事业发展成就以及汪品先院士领衔的同济大学海洋科研团队部分深海科考成果。

2020 年 10 月 1 日，汪品先院士所著的《深海浅说》出版发行，为读者解开关于深海的一系列疑问：深海什么样？深海里有什么？当前

"深海奇遇"科普互动展一角

开发深海的国际竞争，我们应当如何应对？《深海浅说》一书的定位是海洋科学的简明介绍，让读者用尽量短的时间，获得相对深入的了解。

2020年10月11日，《中国经济大讲堂》节目邀请汪品先院士在CCTV-2央视财经频道和电视前的观众一起探讨《我们为什么要挺进深海》。深海，是地球上人类最晚认知的世界，至今仍充满许多科学之谜。这里蕴藏着地球上未被认知和开发的宝藏，挺进深海是我国科技战略布局的重要一环，我国海洋事业正日益向"海洋深处"进军。

《深海浅说》封面与内页插图

"中国经济大讲堂——我们为什么要挺进深海"节目海报

节目现场截图

抖音推广宣传画与抖音号

同年，汪品先院士、深海馆黄维馆长、同济海洋联合入驻抖音，借助更接地气的短视频平台传播深海文化。

## （四）

2021年4月12日，汪品先院士正式入驻微博，运用视频快问快答的形式带着广大网友一道关心海洋、学习海洋、探索海洋。

2021年6月8日，新华社记者张建松专访汪品先院士：《十年探索，诸多"南海之谜"正在揭开神秘面纱 》。南海，全球最大的边缘海，我国最重要的深海区。从 2011 年启动以来，我国海洋科学第一个大规模的基础研究计划——"南海深海过程演变"（简称"南海深部计划"）十年间取得丰硕成果。汪院士就此在世界海洋日和广大网友在线对话，探讨南海的"前世今生"。

2021 年 6 月 9 日，同济大学深海科学科普基地为汪品先院士在 B 站开设账号，汪院士在这里和大家分享有关海洋科普知识。账号开通 100 多天里，共发布了 20 余篇网友感兴趣的海洋科普视频，上线半年粉丝关注数达到 120 多万，视频播放 2260 多万次，得到 280 万次点赞，在 B 站多次登上 up 主日均涨粉榜。

"汪品先院士"入驻微博

"汪品先院士"入驻 B 站

"华夏山水的由来"科普专题系列报告

2021年7月7日至10日，汪品先院士在第六届地球系统科学大会上举办科普专题报告，以华夏山水为主题，立足科学、面向文化，由知名地质学家讲解其研究地区的地质历史。这也是大会第三届连续设立科普专题，由科学家来讲华夏山水算得上是"元科普"典范，受到学术界以及社会大众的热烈欢迎。本届大会的科普专题也成为与会代表参与的热点。

2021年12月中旬，汪品先院士向有关部门建议，希望在上海临港建一座"世界上独一无二的"深海馆，将人类自20世纪40年代以来对深海的前沿探索成果和最新技术系统呈现给公众，与上海天文馆形成呼应之势，对应太空与深海探索两大前沿，构筑起"九天揽月""五洋捉鳖"交相辉映的科学文化高地。

## （五）

2022年4月22日世界地球日之际，"汪品先院士"趣说海洋系列科普短视频正式入驻微信视频号。这是汪院士进入视频平台推广海洋科普的第四块阵地，在视频号推出的第一条预热视频的24小时内，就获得了近 650 万次的观看量，目前账号关注人数达 56 万。10 月正式入驻人民日报视频客户端"视界"，每期内容都获得首页推荐。截至目前，"汪品先院士"各视频平台关注量共计 300 余万。

2022 年 12 月 3 日，由上海科技馆和同济大学联合打造的"深海园林"展在上海自然博物馆（上海科技馆分馆）亮相。该展是中国首个深海主题综合性原创临展，拥有目前世界上最大的冷水珊瑚林复原场景，数十件来自千米深海的珍稀标本首次与观众见面。

同年，汪品先院士推出全新科普力作《科坛趣话》，将视线集中到"科学、科学家与科学家精神"上，从科学家的视野、院士的高度，饱含着对中国科学界的期待。

"汪品先院士"入驻微信视频号

"深海园林"展活动现场

汪品先院士的科普力作《科坛趣话》

（六）

2023 年 1 月 7 日，中国科学院院士汪品先和同济大学海洋与地球科学学院副教授党皓文，分别围绕"深海底下永恒的黑暗世界——深海园林"和"记录海洋内部环境变化关键信息的载体——冷水珊瑚骨骼"在上海自然博物馆开展科普讲座，并同步在人民日报、同济大学、上海自然博物馆、指尖博物馆等各平台直播。该直播是"深海园林"南海冷水珊瑚展览的系列活动之一，共吸引 83 万人在线收看。

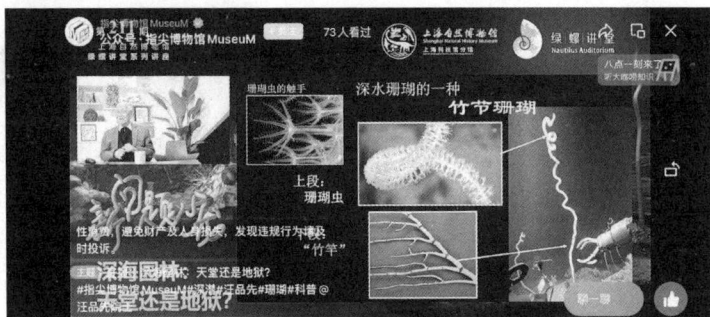

线上科普讲座

2023 年 4 月 22 日，汪品先院士在世界地球日之际，在大零号湾图书馆开展了一场精彩的读书会，带领读者畅谈科坛趣话，包括为什么说科学是好玩的，科学家是些什么样的人，什么才是真正的科学

世界地球日读书会活动

等。活动还同步进行网络直播，有近 1.2 万人参与。

2023 年 4 月 24 日，汪品先院士在"院士专家黄浦行"活动中与观众云上相约，共话科技未来。他从海洋地质的探究能否解密物种起源、在地面复制深海环境能否实现近距离观察深海的可能和 82 岁院士 3 次下潜南海经历等方面与观众对话，解答了他们的疑问。视频推送后共获得 5000 多次浏览量。

"院士专家黄浦行"活动

2023 年 6 月 8 日，由东南卫视制作的全国首档海洋文化类知识交互节目《海洋公开课》开课，邀请汪品先院士讲述"我在海底找历史"的探海人生，输出鲜为人知的海洋"冷知识"和海洋故事。

《海洋公开课》节目

2023 年 7 月，第七届地球系统科学大会在上海举行。在汪院士的倡导下，本届大会举办了"科研与科普"系列活动。除了"华夏山水的由来"经典科普专题外，在"科普新途径"馆企联展中，多家单位在报告厅内开设"深海园林""演化中的生命·进化中的地球""奋斗者"

第七届地球系统科学大会

号深潜器等主题展，并展示了虚拟现实交互、数字影像处理、深海声音可视化等新兴技术成果。"科研与科普：地球系统科学的启示"圆桌会邀请到了多家媒体和科普平台，交流了在当前多学科交叉和创新性教育的新趋势下科普工作的创新方向。两年一度的地球系统科学大会，是我国地球科学界规模最大、规格最高的综合性学术研讨会之一，有近 3000 名专家学者和学生注册参会。

同年，汪品先院士所著的科普书《科坛趣话——科学、科学家与科学家精神》入选"2022 中国好书"，并获评由科技部颁发的 2022 年全国优秀科普作品。

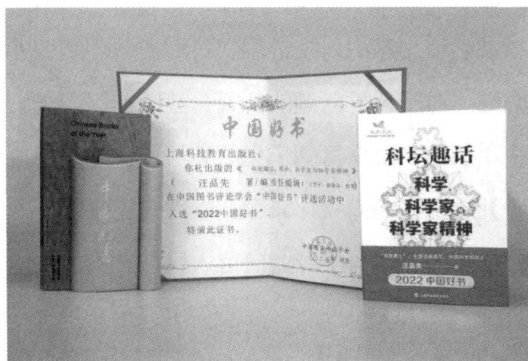

《科坛趣话——科学、科学家与科学家精神》入选"2022 中国好书"

## 二、海洋科普工作的经验与启示

顺应时代潮流，满足大众需求。近年来，我国海洋研究捷报频传，深海研究越来越多地出现在了大众的视野里。我国在建设海洋强国的进程中，迫切需要向广大公众进行相关深海科学研究进展和海洋文化的科学知识普及。

专业知识丰厚，科普途径多样。汪品先院士和海洋打了一辈子交道，致力于推进我国深海科技的发展，积极推动深海海底观测，促成了我国海底观测大科学工程的设立，并成功地推进了我国地球系统科学的发展。在丰厚的专业知识和实践经验的基础上，汪院士提倡强化科学的文化内蕴，身体力行地开展海洋科普活动。汪院士开展海洋科普活动的途径十分多元，包括出版图书、拍摄短视频、举办现场讲座、开设高校选修课等，通过多种方式传播海洋科学知识，延伸科普影响力。

科普内容丰富全面，语言科学严谨、富有张力，素材精美独特。汪院士从早期的海洋探索、海洋深度探测，到近年来的深海资源勘探开发、深海权益之争与深海科技进展，对海洋科学知识尤其是深海知识进行全面介绍。对于科学问题的解释，汪院士深入浅出，在科学严谨的基础上采用了很多公众喜闻乐见的方法，例如使用近似推理小说的手法，将研究过程娓娓道来，兼顾科学性与趣味性，既可让普通公众了解海洋，也可为海洋科学专业研究人员补充相关知识。

## 三、海洋科普心得

汪品先院士认为，专业科研人员做科普的天然优势在于能够清晰准确地将第一手专业知识传递给大众。同时，他也提出科研人员做科普的必要性：在深层次上，科学研究和科学普及是同一事物的两个方面，应当无缝连接。中国科学家所依靠的，首先是养育他们的华夏文明，而科学创新一旦实现，又会对文化进行反哺，成为社会文化进步的推动性力量。他期待科研界与科普界有更多合作，将现代科学融入传统文化，创作出能够与汉唐盛世的经典佳作相媲美的新一代作品。

正如"感动中国"组委会给予"银发知播"群体的颁奖词所言:"春蚕不老,夕阳正红。没有墙壁的教室,不设门槛的大学。白发人创造的流量,汇聚成真正的能量。知播,知播,传播知识与文化,始终是你们执着的方向。"汪院士燃烧一生,潜心求索,做科学征程上跋涉不歇的"苦行僧",做科学与文化间的"筑桥人",他正在以赤子之心带领海洋科普"远航"。

(同济大学海洋与地球科学学院、上海科技教育出版社)

# "海洋石油科技科普进校园"在行动

## ——中国海洋石油工业陈列馆

随着人类对石油需求的日益增长，海上油气生产成为我国重要的能源增长极，海洋石油科技的发展也越来越受到人们的关注。中国海洋石油工业陈列馆作为中国海油的首个工业展馆，始终秉承尊重创造、崇尚科学的理念，积极投身科普宣教活动。在 2023 年全国科普日期间，为了提高公众对海洋石油科技的认识和了解，中国海洋石油工业陈列馆结合主题教育，深入宣传习近平总书记对科技创新和科学普及的战略擘画以及做好科学教育加法的重要指示精神，组织开展名为"海洋石油科技科普进校园"科普专项活动。

## 一、"海洋石油科技科普进校园"科普专项活动概况

"海洋石油科技科普进校园"专项活动共为近 960 名师生科普海洋石油科技知识，通过丰富多彩的形式让更多人了解海洋石油科技，让大家意识到石油作为国民经济命脉的重要性，引导青少年从小接触海洋石油科技，培养青少年"科技创新，强国有我"的志向。

"走出去"：中国海洋石油工业陈列馆将海洋石油科技带进校园，先后走进天津市滨海新区塘沽紫云中学等 4 所学校进行科普宣教，通过科普讲座、视频展示、互动问答等方式，向中小学师生普及海洋石

走进学校授课

油工业知识和技术应用，旨在提高青少年对海洋石油科技的兴趣和认知水平，为未来职业发展奠定基础。

"请进来"：结合线下参观实践，邀请有关院校师生参观中国海洋石油工业陈列馆，结合馆内模型及科普视频进一步向师生普及海洋石油科技知识。

活动中，馆内工作人员引导参观学生了解石油从产生到应用的

走进紫云中学进行科普宣讲

全过程，拓宽师生有关海上找油、采油、处理及科技发展应用等领域的知识，激发他们探索海洋奥秘、开阔知识视野的热情。科普活动不拘泥于课堂，而是与社会实践紧密结合，通过参观展馆让青少年了解中国海洋石油工业发展史及海洋石油工业相关知识，使其在实践中体验、感受海洋科技的魅力。

## 二、"课上讲解 课外实践"双管齐下

2023年全国科普日期间，"海洋石油科技科普进校园"活动走进中小学院校，为在校师生带去一堂精彩的"地球与油气的奥秘"课程。课程内容主要分四个部分：基础地质与矿物、古生物与油气基础、海洋油气工业、油气在生活中的意义。课堂上，学生们不仅能了解更多的海洋石油科技知识，还通过视频观看了海上石油勘探、钻井完井、平台安装、油气加工处理等操作过程。通过互动交流、有奖竞答，学

参观过程中了解渤海湾海冰的知识

生们深入了解石油宝藏的前世今生、海洋石油科技的应用前景，激发了他们对海洋科技的强烈好奇心。

"海洋石油科技科普进校园"专项活动不仅走进校园，还把师生请进馆内参观，通过实际参观将海洋石油科普知识理论联系实际，让教育之花结果。来参观的师生们在展厅了解了中国海洋石油工业从最初的艰苦创业到油气开发开启"超深水时代"、作业能力挺进3000米水深的历史发展，他们为祖国的日益强大感到无比自豪，同时也深刻认识到国家大力发展海洋科技及保障能源安全的重要意义。

## 三、总结经验促提升，不忘初心筑梦行

### 1. 因材施教，启智润心

在参观活动中，同样的知识点，学生们却有不同的看法，他们提出的问题更是天马行空。这就要求讲解员不仅要业务熟练，更要综合素质过硬。

在与来馆参观学生的互动中，讲解员不仅仅是宣讲人，更是为学生解惑的老师，根据每个提问，给予有针对性的引导，让他们发散思维。同时，还要尊重学生们的想法，鼓励他们发表己见，使科普活动更有意义。

### 2. 知识与趣味结合，寓教于乐

通过现场授课以及学生在课堂上的反应总结如下经验。

（1）PPT制作。应以图片为主，更直观地展示相关内容。

（2）视频与课程交相呼应。讲到相关内容时，先进行讲解再播放视频，提升学生的直观感受。

（3）提前设计好互动问题。课程讲解中把问答穿插其中，互动演

来馆参观学生聆听有关地球的构造的讲解

示，增强学生的参与感。

（4）课程要有故事性，与生活相关联。通过增强故事性、联系生活等，不仅可增加课程的趣味性，更让课程通俗易懂，有记忆点。

（5）在熟练掌握课件的基础上，尽量拓展知识面。授课内容不能停留于知识传授层面，而是应进行深入细致的钻研与分析，这样才能在课堂上遇到学生更深层次的追问时准确作答。

（6）转换身份，拉近距离。授课者不仅是老师，更是海洋石油行业的"前辈"，以分享知识的朋友的身份与学生交流、探讨，更能拉近与学生的距离。

### 3. 抛砖引玉，带着问题去探索

进入中国海洋石油工业陈列馆，学生们开始参观之前，讲解员会先抛出问题，让他们带着问题参观，引导他们在参观过程中找到答案，体验收获的成就感。在讲解过程中,讲解员会思考如何用恰当的词汇或比喻,让学生们产生兴趣和共鸣,使讲解更加生动有趣,贴近生活;讲解员应善于倾听,关心学生们的想法和感受,在面对他们的疑惑时,耐心倾听并认真解答。

我馆坚持专业化发展,着力打造一流的讲解员队伍。全面提升讲解员队伍讲解技巧和专业知识,合理规划,2023 年累计对讲解员培训 265 课时。同时,高质高效完成各类参观接待任务。截至 2023 年 11 月 10 日,陈列馆本年度共接待参观 551 场,受众 15015 人次。承接中小学生参观 11 场,受众 1536 人次;承接校企共建 18 场,参观受众 741 人次。

### 4.“一杯水”与“一桶水”

专项活动的不断开展,激发了讲解员们的职业使命感,他们意

活动现场

校企共建合影

识到讲解工作是一个需要终身学习的职业，不能忽视继续学习的重要性，不能满足于已有知识，要时刻保持学习者的心态，不断充实自己、拓宽眼界，提高专业素养。

要想给参者一杯水，自己就应有一桶水。每当给学生讲解海洋石油工业一些先进的装备和技术时，听着他们口中连连发出的惊叹，看着他们眼中对科技的崇敬和对未来的憧憬，每位讲解员心中的成就感油然而生。讲解员温馨亲切的讲解、和蔼可亲的笑容，给学生们留下了深刻的印象，参观后他们会争先恐后地提问。讲解员们在学生们心中种下一粒种子，让科学探索之花在他们心中生根发芽。

## 四、提炼感受，升华使命

通过"海洋石油科技科普进校园"专项活动，学生们表示通过科

馆内讲解员为参观学生讲解化石的形成

普宣教了解到地质构造、岩石变化、石油形成、石油开采过程以及石油在生活中的应用等知识，一方面他们体会到海洋石油工人工作的艰辛，另一方面他们更认识到石油能源对于祖国建设的重要性。他们表示，要好好学习，将来用知识武装自己，去探索更多科学奥秘，为建设能源强国添砖加瓦。

活动也让中国海洋石油工业陈列馆工作人员感受到分享的快乐。他们积极展示科技成就，服务创新发展，立足受众所需，提升科学素质，拓宽了参观者的知识面的同时，也宣传了石油的重要性。同时，他们也希望通过这些活动激发更多人对海洋石油科技的兴趣和热情，为我国的科技创新和发展做出贡献。

"海洋石油科技科普进校园"专项活动的成功举办，无疑为教育事业注入了新的活力。通过校企合作，让学生更好地了解社会需求，为未来的职业生涯规划提供指导。教师们也纷纷表示通过此次活动，获取了更多的专业知识，丰富了自己的教学内容。

总的来说，"海洋石油科技科普进校园"专项活动点亮了青少年心中科技强国的火苗，对于科教兴国、促进青少年科学创新和成长具有深远意义。在未来的日子里，我们期待看到更多的类似活动在全国范围内展开，为青少年提供更多学习和探索的机会，使其从小树立"科技创新，强国有我"的远大志向。

（中国海洋石油工业陈列馆）

# 馆校共建

——国家海洋博物馆科普教育新形式

## 一、案例概况

国家海洋博物馆于 2020 年 9 月同来自天津市、北京市、河北省、山东省、浙江省、湖北省、陕西省、四川省等地 78 所大、中、小学签署馆校共建协议，成立共建联盟。覆盖地域如此之广、联盟成员如此之多的馆校携手共谋青少年科普教育，在全国博物馆中尚属首例。

国家海洋博物馆通过提升自身软硬件建设、创新合作模式、打造浸润式科普教学体验等举措，将这项工作推向新的高度，广受签约学校师生好评，人民网、新华网、人民教育以及《天津日报》《今晚报》等媒体多次对共建活动进行报道，社会影响力较广。在第一批馆校共建的基础上，国家海洋博物馆于 2022 年 6 月份开启了第二批馆校共建招募活动。

## 二、具体实施

### （一）完善硬件教育设施，拓宽教学活动场地

第一，专门成立了国家海洋博物馆教育中心，面积达 3000 平方米，包括 5 个多功能教室、化石修复室、标本制作室、海洋生物实验

国家海洋博物馆馆校共建联盟成立仪式

室。师生可在其中开展实验、互动、修复、制作、科普剧等文化与科普课程及活动，为合作学校学生提供了既符合国家海洋博物馆特色、又轻松活泼的学习环境。

第二，在"海洋与天文""蓝色家园""海洋灾害"等展厅内，专门为研学活动、馆校课程预留空间，开辟了球幕影院、实验室等教育教学所需要的场地。这将展览与学习、观看观察与动手操作深度融合，为学生打造沉浸式、体验式学习氛围。

第三，为方便合作学校的教师来馆沟通和合作，国家海洋博物馆教育中心为校方教师提供了教研室、休息室。校方教师与馆方教师可以深度对接，讨论教学内容，将校方学生需要与博物馆科普资源深度融合，推进馆校合作。

## （二）增强软件教学能力，完善自身师资力量

国家海洋博物馆拥有"专业 + 研教 + 志愿"梯队式科普教育团队，共计 148 人，专业背景多元，可以自主完成馆校课程、主题讲解、社教活动的策划、制作与实施，为全域科普工作提供了人才支持和

馆内硬件设施

保障。

目前，针对不同学龄段学生，国家海洋博物馆累计开发海洋科普课程 80 余节，建立了完善的选课制度，制作博物馆课程表，打造线上预约系统，供合作学校选择所需要的主题讲解和科普课程。

通过"线上 + 线下"的模式，国家海洋博物馆为合作学校的 3000 多名学生提供了百余节科普课程。

**（三）创新合作方式，充分满足合作学校需求**

一是开设贯穿每个年级、适应不同年龄阶段的海洋科普课程、海洋意识宣传课程。这些课程将海洋知识的广度与深度有机结合，充分利用线上资源和线下资源，将线下展览和线上、线下教学有机结合起来，为学生提供最优质的博物馆资源。

二是馆校双方教师深度合作，试行"馆校双师"制教育模式。国家海洋博物馆教育中心社教团队多次与不同年级、不同学科的校方教师代表交流座谈、联合教研，将课本知识与国家海洋博物馆的展览有

社教团队与校方教师代表交流

机结合，以期制作既符合学校需求，又有国家海洋博物馆特色的校本教材和校本课程。

## （四）创新教学模式，打造沉浸式教育体验

坚持展览和科普相结合，立足国家海洋博物馆的资源，根据实际情况，策划适合大、中、小学生的主题讲解和教育课程。利用国家海洋博物馆资源，创造性地开展活动，不断探索和完善博物馆学习模式，增强博物馆学习效果。

一是针对小学、中学和大学不同学段，开展了涵盖海洋人文、海洋地理和海洋生物等多方面内容的科普课程。立足国家海洋博物馆藏品、展览等资源，综合运用互动游戏、动手实践等方式，经过教师引导，让学生自主探究、发挥想象，从而增强博物馆学习的趣味性、互动性和体验性，在沉浸式的学习中激发学生探索海洋的兴趣，实现课堂教学最优化效果。

开展科普课程

　　二是在国家海洋博物馆展厅内实施主题讲解，根据博物馆环境、藏品、展览的内容等，突破当前的展览路线，重新设计、提炼适合不同年龄段青少年的主题讲解内容，综合运用解说导览、展品观察、互动游戏等实践方式，增强博物馆学习的趣味性、互动性和体验性。

　　三是利用国家海洋博物馆展厅的展览资源，创造性地在博物馆内创作科普剧——《寻找海洋之心》。科普剧创作完成后，率先在共建学校学生中展开招募、排练、表演工作。共建学校天津实验中学滨海学校、天津河东区实验小学、浙江省金华市湖海塘小学的同学们先后在国家海洋博物馆的中心舞台面向公众演出了《寻找海洋之心》，展现了馆校共建的初步成果。

## 三、经验与启示

　　回顾国家海洋博物馆自建成以来的科普工作，主要有三点经验。

　　一是坚持馆校共建，开展科普工作。学校是青少年接受教育的正规机构，博物馆是社会教育的重要组成部分，二者的紧密结合、共同努力，才能在全域科普工作中发挥更大、更有效的作用。国家海洋博物馆作为我国唯一国家级综合性海洋博物馆，坚持立足天津、面向全国，与不同省市的学校开展全方位合作，为青少年提供优质的博物馆教育，努力打造新时代高品质馆校共建科普工作典范。

二是坚持软件、硬件两手抓，全面提升科普工作的能力和水平。国家海洋博物馆内设置了专门的科普教学活动场地，为教师打造了教研和交流的空间，增强了自身师资力量，设置了系列科普课程，充分满足了不同学校和学生的科普需求。

三是创造性地开展科普活动，通过动手实践、互动游戏、科普剧等多种形式，给学生带来沉浸式科普学习体验，增强博物馆学习的趣味性、互动性和有效性，最大程度上激发学生的学习兴趣。

未来的工作中，我们会加强与学校的密切联系，深入了解师生需要，不断创新，完善馆校合作科普课程和活动的策划实施，助力青少年科普教育的发展。

（国家海洋博物馆）

# 让海风吹进内陆学子的心中

## ——哈尔滨工程大学海洋文化馆开展海洋意识教育纪实

## 一、案例概况

哈尔滨工程大学海洋文化馆隶属于哈尔滨工程大学，是我国高校首座海洋文化馆。海洋文化馆的展馆按"认识海洋、关心海洋、经略海洋"的逻辑顺序，分设"自然海洋""人类与海洋""海洋权益""建设海洋强国"四大板块，讲述了美丽海洋的起源、人与海洋的故事、海洋新秩序的建立、蓝色科技与经济的发展等内容。馆内展出的实物中有"四大名螺"标本、钓鱼岛的海水样品、永兴岛的沙土样品、"蛟龙"号采集的硫化物烟囱体样品等实物，设置有海底世界、登陆钓鱼

海洋文化馆历史人文展厅

海洋文化馆海洋强国展厅

岛、辽宁舰等 VR 多媒体体验设施。海洋文化馆集研究、教育、展示于一体，服务于广大青年学子和社会公众的海洋意识教育，现已成为全国海洋意识教育基地、黑龙江省中小学生研学实践教育基地、全国科普教育基地。

## 二、具体实施

哈尔滨工程大学作为一所与海结缘、因海而兴、向海图强的高校，前身是 1953 年陈赓大将创办的中国人民解放军军事工程学院（简称"哈军工"）。1970 年哈军工海军工程系立足原址办学，成立哈尔滨船舶工程学院，1994 年更名为哈尔滨工程大学。学校在近 70 年的办学实践中，形成了鲜明的"三海一核"办学特色和学科优势，已经发展成我国船舶工业、海军装备、海洋开发和核能应用领域重要的人才培养和科学研究基地。哈尔滨工程大学海洋文化馆作为学校海洋文化宣传、研究阵地，立足于自身建设，以提升受众的海洋意识教育为目标，通过研学宣传教育活动、开设海洋课程和搭建海洋文化建设平台等举措，服务于广大青年学生和社会大众。

### （一）开展特色活动，夯实海洋文化宣教根基

哈尔滨工程大学海洋文化馆自开馆以来，在中小学研学活动上巧做文章，让学生们在活动过程中体会、体验和探究研学主题，激发他们的好奇心，培养其海洋意识和逻辑思维能力。

哈尔滨工程大学海洋文化馆开展的研学活动可以归纳为"一课、

哈尔滨市第 54 中学的学生在海洋文化馆开展研学活动

黑河五小学生参观海洋文化馆

参观的学生在专注地做笔记

大学生志愿者讲师为哈尔滨市花园小学的学生开展"走进神秘核潜艇"微课堂授课

"一课、一馆、一赛、一体验"活动

学生在参加知识竞赛活动

一赛、一馆、一体验",即博物馆微课堂、海洋知识小竞赛、海洋文化馆、虚拟现实体验。

在博物馆微课堂,大学生讲解员向学生们讲解"蛟龙"号、核潜艇等海洋装备知识。

在海洋知识小竞赛活动中,学生们踊跃回答考官提出的问题。现场交流互动积极踊跃,激发了学生们的学习兴趣。

在虚拟现实体验区,VR体验让学生们仿佛置身于深海之中,可以体验海底世界的神奇与美妙。中小学生带着问题来参观,按照研学手册,针对馆内的实物和展板内容进行研讨学习,并可以选择相关课程,在大学生讲解员的带领下,了解海洋知识,领略海洋魅力。

哈尔滨工程大学海洋文化馆所打造的"来哈尔滨工程大学看海""海洋科普宣讲送上门""大学生海洋航行器大赛""一课、一赛、一馆、一体验""海洋大讲堂"等系列海洋教育活动已形成品牌,受到中小学生和大学生的欢迎。

## (二)进行课程建设,延展海洋意识教育深度

"建一个馆、打造一门金课、传承一种文化","海洋中国"这门

"海洋中国"课程现场

海洋文化教育联盟成立大会

课程以海洋文化馆为依托，通过整合优质教育资源为学生传播海洋文化和海洋知识。"海洋中国"课程在师资上汇集了校内外不同学术背景的名师，以"立德树人"为导向，以海洋文化馆作为实践教学基地，力求从自然、人文、法理、科技等方面引导大学生去认识海洋、了解海洋，为大学生开辟了思政实践课堂，传播海洋文化，传递海洋知识，在广大青年学子心中埋下了建设科技强国、海洋强国的种子，激励他们投入海洋事业发展的宏伟蓝图中，并结合国家重大发展战略及其实践，为实现民族复兴、共筑中国梦培养有理想、有担当的大学生。

### （三）搭建平台，探索海洋教育新路径

2018 年 9 月 18 日，国内首家海洋文化教育联盟在哈尔滨成立，由哈尔滨工程大学牵头，联合涉海高校、海洋科研院所、海洋类文博馆、海洋类科普馆、海洋意识教育基地共同发起。该联盟集海洋文化教育、文化传播与实践研究为一体，旨在为海洋文化教育发展搭建交流平台和缔结联系的纽带，推动成员单位深度合作和资源共享，力求创新海洋文化教育新模式，提升海洋文化教育意识，促进海洋文化育人社会功效，逐步打造国内海洋文化共同体，为建设海洋强国做出贡

献。经过几年的建设，海洋文化教育联盟已发展成员单位 37 家，涵盖全国大部分涉海高校及海洋类文博馆、科普馆。

## 三、经验与启示

### （一）在打造活动品牌中完善海洋意识宣传教育和传播体系

哈尔滨工程大学海洋文化馆发挥全国海洋意识教育、科普教育基地已有的展陈资源优势，整合哈尔滨工程大学海洋学科与人才优势资源，立足省内、面向全国，联合全国海洋文化教育联盟行业内单位，积极开展了海洋大讲堂、海洋意识教育研学、海洋知识系列竞赛、海洋研学夏令营、海洋科技创新大赛等多种形式的宣传教育实践品牌活动；探索了馆校共建的新途径，推动海洋意识教育走进红军小学、哈尔滨中小学名校、贫困地区中小学的学校等，通过微信、今日头条、抖音、B 站等新媒体矩阵的融合式推广宣传，持续增强海洋意识教育宣传的传播力与影响力。哈尔滨工程大学海洋文化馆通过不断打造品牌宣传教育活动，积极探索传播途径，将海洋意识宣传教育的开展落到实处。

### （二）在内涵建设中不断提升志愿宣传教育队伍的服务水平

哈尔滨工程大学海洋文化馆围绕海洋意识教育服务能力提升，通过梳理关键节点，将海洋意识研学课程的构建与实施作为抓手，聚焦"海军装备""海洋科技""海上防卫""家国海洋""科创海洋""生态海洋""人文海洋"等主题板块，密切对接建设海洋强国教育最新内容需求，梳理凝练海军装备科技发展、海洋权益、海洋灾害、海洋资源等方面知识体系，编撰海洋意识教育系列丛书、在线课程教案、互动教案等。通过招募大学生海洋意识教育志愿宣讲队伍，进行"双向"培养，让更多的高校学子加入宣传海洋意识的队伍中来，通过"以老带新、以培促训"，建成了一支较高水平的大学生志愿宣传教育队伍。2022 年，学校的大学生讲解团被评为全国学雷锋志愿服务"四个 100"最佳志愿服务组织。

## 四、学生参观感受

一位参观过海洋文化馆的学生说："这是我第一次到海洋文化馆参观，不仅增长了知识、开阔了视野，更重要的是让我对海洋有了新的认识。这真是一次有意义的学习体验。"

（哈尔滨工程大学海洋文化馆　李宏　吴韶刚）

# 海洋馆里的"C 位担当"

——北京海洋馆海洋教育

## 一、案例概况

北京海洋馆内共生活着千余种水生生物，有备受游客喜爱的"海中霸主"鲨鱼、"大洋旅行家"海龟、"绝命毒师"水母、"可爱绅士"斑嘴环企鹅等，但是很遗憾，它们都没有成为北京海洋馆里的"C 位担当"。

有一种生物，它来自远古，经过 1.4 亿年风风雨雨的变迁，凭借着顽强的生命力繁衍至今。它是我国特有的古老珍稀洄游性鱼类，出生在长江、成长于大海中，是我国一级保护动物，素有"水中大熊猫"之称。它就是中华鲟，是北京海洋馆名副其实的"C 位担当"。

中华鲟虽然弥足珍贵，却并不广为人知。为了能够让人们去了解并关注到它们，北京海洋馆利用"中华鲟保护日""地球日""海洋日""水生野生动物保护科普宣传月"及"社会大课堂"等活动，并在日常营业中开设了一系列聚焦中华鲟的科普活动，线下和线上参与人数有十万余人。

## 二、具体实施

### （一）在展缸前——走近中华鲟

中华鲟的线下科普活动集中在"国宝中华鲟"馆中进行。授课老师将中华鲟的课程与物种展示相结合，生动直观地为大众普及与物种特性有关的中华鲟的知识及保育知识。关于中华鲟的科普活动，北京海洋馆有三大模块的内容：模块一，课程讲授或科普游戏；模块二，中华鲟现场喂食展示讲解或中华鲟养殖道具展示；模块三，养殖专家分享自己的日常工作及其中的趣事。北京海洋馆针对不同的参与人群，从三大模块中选择两个模块组合在一起开展科普活动。

### 1. 低龄儿童

针对以低龄儿童年龄偏小、对于文字和数据类信息不敏感、比较活泼好动的特点，在活动的过程中不适宜用长篇的 PPT 课件。北京海洋馆会选择"科普游戏 + 养殖道具展示"的方式进行科普活动。

"你的身高是多少？"：教师协助低龄儿童使用中华鲟的身高互动尺，对比自己与中华鲟的身高差距，让低龄儿童直观地认识中华鲟的体态特征。

"请为我画张像"：教师引导低龄儿童认真观察中华鲟，再根据题卡上提示的信息，帮助中华鲟完成画像，使其了解中华鲟的身体特征。

"不同'鲟'常的旅途"：教师为低龄儿童讲解中华鲟的洄游之旅，并让低龄儿童扮演新生的中华鲟，完成中华鲟从长江到大海及从大海洄游长江的过程，在游戏过程中通过模拟中华鲟所遇到的各类情况，以积分的方式增减小龄儿童所持有的分数，让小龄儿童了解中华鲟的洄游知识，体验中华鲟所面临的生存危机，并思考自己如何从身边的小事做起，帮助中华鲟。

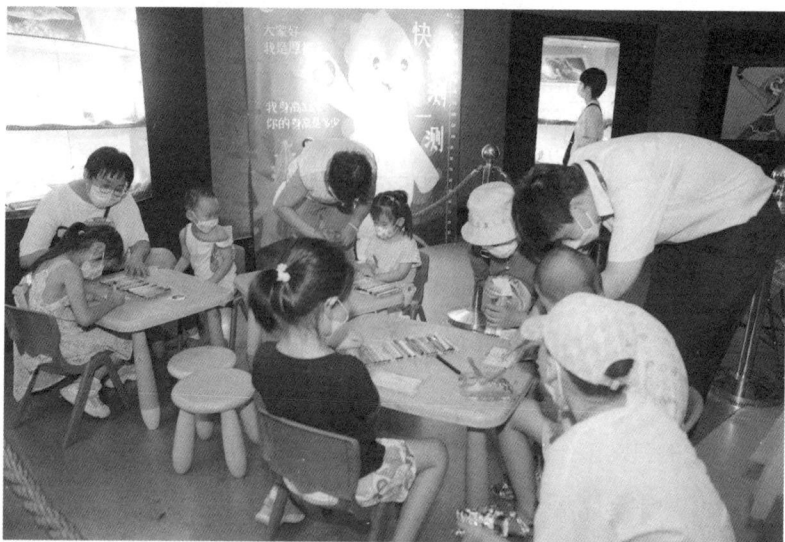

中华鲟科普游戏——"请为我画张像"

"我来为你做顿饭"：教师在现场展示中华鲟的"饭盒"，低龄儿童通过用眼睛看、鼻子闻、用手摸的方式，去探究中华鲟专属美食"鲟鱼汉堡"的配料，从而了解中华鲟的食性和生活习惯。

娱乐型、互动型的科普活动形式可让低龄儿童直观地学习，提高其积极性、参与性及实践性，提升科普活动实效，实现珍稀动物保护理念的有效传播。

### 2. 学生团队

针对学生团队参与人数偏多、活动目的明确、受众理解能力比较强、可独立完成活动的特点，北京海洋馆会选择"科普课程教授讲解 + 中华鲟现场喂食展示讲解"的方式开展科普活动。

"海洋馆里的国宝朋友"：教师使用中华鲟主题课件，以海洋馆内唯一一尾在人工环境下生活的野生中华鲟——厚福为切入点，从物种特性、生存现状和保育政策及措施三方面，用制图表、例数字、做比较等方式进行科普。这可以使学生们了解中华鲟的种群特征及生活史，认识到保护中华鲟的紧迫性，提升其对长江流域生态环境现状的认识。

"中华鲟的'下午茶'"：教师结合馆内的中华鲟喂食展演进行现场讲解，学生们通过聆听讲解以及观察潜水员与中华鲟的互动等方式，学习中华鲟的生活习性等方面的知识，了解到人们为中华鲟迁地保护做出的努力以及成果。

课程与实物相结合的科普形式可使学生们更加清晰地了解中华鲟。活动过程中有奖问答的互动环节可充分地调动学生的积极性，培养其独立思考能力。教师会鼓励学生在课后把自己关于中华鲟的所见、所学、所想与他人进行分享，使更多的人加入保护中华鲟的行列中来，从而延长此次活动的科普效力。

中华鲟科普课程——"海洋馆里的国宝朋友"

### 3.普通游客

普通游客来馆多为休闲娱乐，对馆内的展演类活动兴趣浓厚。因此，北京海洋馆将选择"中华鲟现场喂食展示 + 养殖专家分享自己的日常工作及其中的趣事"的方式进行科普活动。

"中华鲟的'下午茶'"：游客通过观看潜水员与中华鲟的互动，了解中华鲟的身体特征、食性、捕食特点等方面的知识。

中华鲟现场喂食展示——"中华鲟的'下午茶'"

"萌宝们的秘密"：养殖专家通过为大家讲解海洋馆里的中华鲟的来历和自己的日常工作内容，让游客了解到中华鲟的生存现状、其面临的生存危机，以及国家为保护中华鲟及其栖息地所开展的各项行动。

有趣的展演和讲述不为人知的幕后故事这种科普形式可在第一时间吸引游客，激发游客的好奇心和探索欲，从而增加游客的参与度，同时借助实物的科普为游客打造出沉浸式的学习环境，使其驻足于此，提高自己学习的完成度。

### （二）在屏幕前——走进中华鲟

为了覆盖到更广泛的人群，让更多的人认识和了解中华鲟，馆内还开展了一系列的"线上"活动。

#### 1. 直播

用主题直播及慢直播的形式在多个北京海洋馆官方自媒体平台上进行科普讲解，带领观众"云游"海洋馆，让观众在轻松惬意的氛围里学习了解中华鲟物种特性知识，提高人们对中华鲟及生态环境的关注度。

#### 2. 科普短视频

在科普短视频中，用风趣幽默、通俗易懂的语言对中华鲟进行介绍，与观众分享相关的科普知识，并在评论区与观众互动，解答和收集观众对于中华鲟的一些疑问和感兴趣的话题，作为后期科普活动的素材。

#### 3. 知识竞答

在北京海洋馆官方微信、微博、支付宝生活号等平台上发起与中华鲟相关的知识有奖竞答，通过自媒体传播的形式抵达更多人群，从而扩大影响力。

中华鲟科普直播

## 三、经验与启示

中华鲟是我国特有的濒危水生生物，长江流域的"旗舰物种"，但大众对其的认知度却比较低。因此，我们需要让它走进大众的视野，得到更多人的关注，这是北京海洋馆将中华鲟主题活动作为主要科普活动的初衷。

为了能够达到更好的科普效果，提高大众对活动的参与度和积极性，北京海洋馆极力寻找大众的兴趣点，因为兴趣是学习的动力。北京海洋馆利用在场馆内的实物展示，打造出沉浸式科普活动氛围，再结合一系列的主题互动项目，让游戏和实物道具成为北京海洋馆的科普工具，在互动中输出科普知识。在每一场科普活动中，教师都会抛出问题或者派发小任务，让参与者随着活动的进行，带着自己的问题或任务进行独立思考和分析，形成自己的观点。同时，参与者在学习的过程中也会向教师提出自己的问题和想法。这种探究问题的科普方式可以在一定程度上提高参与者的成就感、好奇心以及求知欲，从而达到寓教于乐的效果。

珍妮·古道尔说："唯有了解，才会关心；唯有关心，才有行；唯有行动，才有希望。"北京海洋馆关于中华鲟的科普活动就是在"学与玩"的过程中，让大众对中华鲟及其生存现状有了初步的了解与认识。在每次活动结束时，教师会引导参与者将自己在活动中所见、所学、所想向周围的人们进行分享，让更多的人加入"关爱海洋动物、保护地球家园"的行动中来。

（北京科技馆）

# 海洋探索，启迪未来

——上海海昌海洋公园给青少年的海洋生物研究启蒙

## 一、案例概况

上海海昌海洋公园为全国水生野生动物驯养繁育及科普教育基地，拥有较多经验丰富的相关人员及成熟的科普教育体系。上海海昌海洋公园紧密围绕海洋文化特色，展示超过 300 种共计 30000 余只珍稀海洋生物，全面普及海洋动物知识和海洋文化，以寓教于乐的方式带领青少年探寻海洋的奥秘。

青少年科普研学项目以加强中小学生海洋意识教育为宗旨，创设帮助学生亲近海洋、熟悉海洋、关心海洋、热爱海洋、保护海洋的教育情境。青少年科普研学项目包括两天一夜科普探索、水母课堂研学营、海豚科普探索营、海洋主题艺术研学营等内容。在弘扬海洋文化、提升青少年海洋保护意识、践行科普教育基地社会责任的同时，激发青少年探索海洋的兴趣、增强学生建设海洋强国的使命感和责任意识。

## 二、具体做法

### （一）硬件设施

#### 1. 科普设备

上海海昌海洋公园拥有 6 个动物展示场馆、3 个大型动物互动表演场、2 个高科技影院、10 余项辅助设备设施等。每个场馆内根据所展示动物的特点，通过科普展板、全息投影、多媒体互动屏等打造集趣味性与互动性于一体的科普场所，让游览者在轻松愉快的氛围中了解更多知识。

南极企鹅馆科普展板及多媒体呈现

#### 2. 海洋科普教室及展厅

位于上海海昌海洋公园中心地带的海洋科普教室使用面积约 100 平方米，是开展各类科普活动、向公众传播海洋知识的主要根据地。教室内除了科普展板、书籍、模型、标本等展示资源外，还有丰富的科普教具。此外，在面积约 175 平方米的科普展厅内，上海海昌海洋公园会结合世界生物多样性日、世界海龟日等特定节日落地科普展览，集中展示海洋生物特征并传达海洋保护理念。

科普教室及科普展厅内部陈列

### 3. 展品教具

除了各场馆面客区内科普展品的投放展示外，在科普研学项目涉及的生物保育后场也有专业的展品可供学习及动手实践。结合海洋生物的特点，上海海昌海洋公园也准备了各类科普教具，比如学生可以用显微镜观察企鹅羽毛、海豹胡须，用放大镜观察不同种类的鲨鱼牙齿，动手配制海水，完成小型水母养殖系统的制作。知识的传播不再局限于室内讲授，而是升级为身临其境的项目探索式学习。

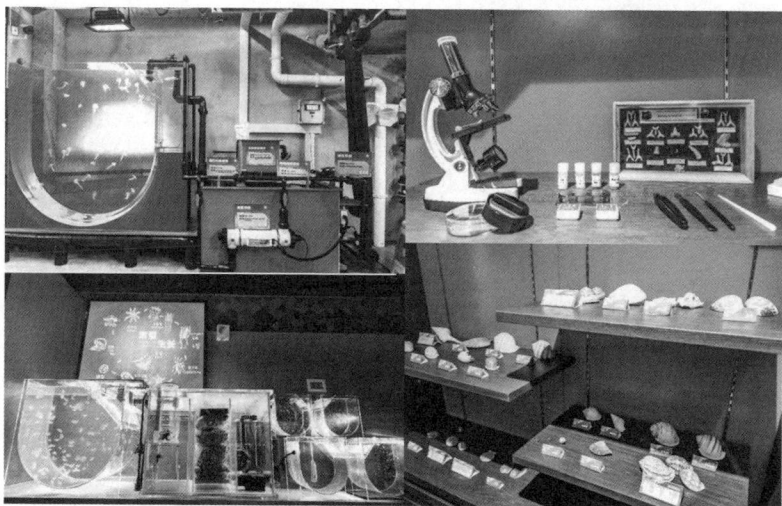

水母生活史、养殖维生系统及部分教具展示

## （二）课程设计

在课程内容方面，上海海昌海洋公园也会根据不同年龄段的人群来设置。以海豚课堂为例，针对幼儿园阶段的儿童，内容主要以图片对比的识别认知为主，比如对不同种类海豚的体型大小、体色、形态特征进行对比；而小学阶段的儿童又分为低年级和高年级，可以与低年级学生探讨海豚丰富的行为模式、群居动物的饮食习惯及生存策略；告诉高年级学生海豚的生理结构、海豚对环境的需求和依赖、人类活动对它们的威胁，并思考我们可以做出哪些对动物和环境友好的行为等。对不同年龄阶段的学生讲解的层次及深度也不同，实验操作部分也会有差异。

幼儿版（上）与小学 1 ~ 3 年级（下）课程版式对比

## （三）实践活动

### 1. 走进水母养殖基地

已经在地球上生活了 6.5 亿年的水母，看似结构简单、终日随波逐流，其实却是不折不扣的肉食性动物。在专业水母饲养员的带领下，

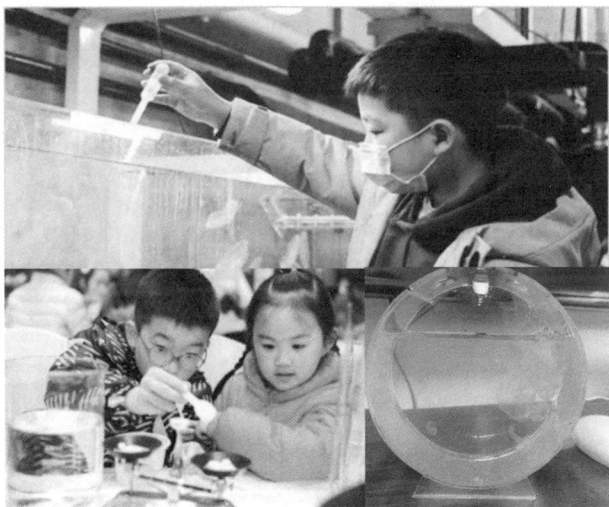

水母喂食、海水配制及组装完成的水母缸

学生们不仅能观察到水母的形态特征、运动方式及生理结构，还能在触摸水母的环节中体验到水母的触感，了解到水母的毒性具有个体差异性。学生可以在喂食环节中认识水母的食物，学习喂食操作中需要注意的细节以及如何为水母准备合适的食物等。另外，在水母养殖流程中，学生们还能动手配制海水并细心组装小型养殖缸体，同时了解水母的养殖条件。

### 2. 探究鲨鱼繁殖的秘密

目前已经发现并命名的几百种鲨鱼中，大部分都是鲜为人知的中小型鲨鱼。鲨鱼的繁殖方式有胎生、卵生和卵胎生三种。在条纹斑竹鲨教学互动区，学生们不仅会认识这种体长不到一米的温顺鲨鱼，了解它的生活习性，还能接触到神奇的鲨鱼卵壳，观察鲨鱼的生长周期甚至见证小鲨鱼的破壳诞生。学生们还可以动手为成年鲨鱼准备食物并给其喂食，观察它们的进食状态。通过触摸及观察不同的鲨鱼牙齿来判断其食性，在认识生物多样性的同时抛开对鲨鱼物种的固有认

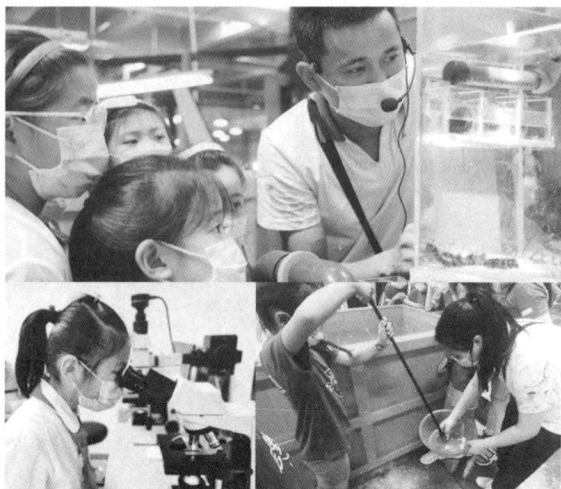

观察鲨鱼并进行饵料喂食

知，重新了解它们。

### 3. 与海豚交个朋友

作为海洋动物中的高智商代表，海豚一直深受青少年的喜爱，其内部结构和生理适应性方面与人类也有相似之处。学生可以跟随动物医生学习如何给海豚做体检，检查海豚的体表、口腔、呼吸孔等部位以判断其健康状况，用专用体温计给海豚测体温等。同时，学生可以

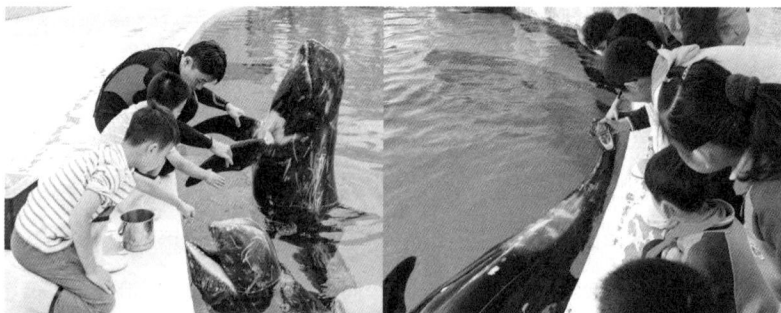

与海豚互动及为海豚进行体温测量

了解动物健康管理中常用的实验检测手段。在专业保育员的指导下，学生们可以认识海豚的食物并学习饵料处理方法，了解不同种类饵料的营养配比，思考动物食谱与其生活环境的关系。在与海豚的互动中，学生能够学会观察动物的情绪状态，尊重并爱护它们。

## 三、经验与启示

21 世纪是海洋的世纪。海洋是人类社会生存和可持续发展的重要物质基础，是世界大国崛起过程中共同的战略选择和发展途径。世界各国对海洋事务的重视程度逐渐提高。新的历史时期，我国提出了"建设海洋强国"的战略目标和"21 世纪海上丝绸之路"的重要倡议。

上海海昌海洋公园作为大型海洋主题科普场馆，在建设海洋强国的时代背景下，结合不同展区内生物特色开发了以海洋动物课程为载体的配合实践探索的研学项目，通过集体旅行、集中食宿的方式开展海洋研究性学习和与旅行体验相结合的校外教育活动。上海海昌海洋公园通过融合各学科知识，浸润无边界的学习方式，让学生在亲历实践、深度学习中感受海洋的神奇和魅力，激发学生探索海洋的浓厚兴趣。截至 2022 年 12 月，上海海昌海洋公园已连续开展超过 240 场不同动物主题的研学探索活动，近 13000 人参与其中。上海海昌海洋公园还依托地理优势，积极与周边学校共创馆校合作，共同进行小学中高年级海洋文化类德育活动课程建设，设计开发了水母、海豚、企鹅等项目式学习主题，通过专业科普老师进校园进行知识宣讲并结合项目组学生进公园完成实践探索的方式，让学生结合多种感官体验了解园区各种各样的海洋生物，学习海洋知识，探索海洋动物的生活方式，了解生物保育背后的工作并培养学生的海洋保护意识。研学教

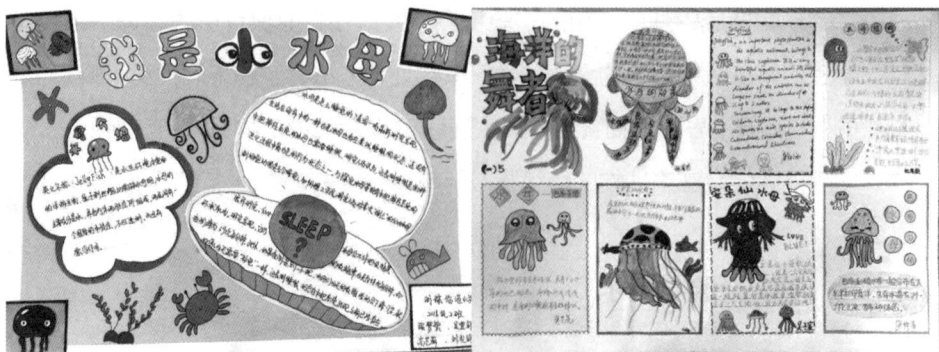

水母研学项目中学生的总结分享

育活动也获得了参加活动的师生们的一致好评，小组成员在项目总结中也分享了自己的所学所感。

近年来，国内研学行业迎来了快速发展，市场上涌现出各式研学产品，涵盖传统文化、科学普及、环境保护等方面。但是，其中也存在一些问题，表现为研学市场缺乏规范性，普遍存在"重游轻学"、主题目标模糊、内容零散、学科特点不明确、教师专业性不足等现象。科普研学承载体多为科研基地、博物馆等，需要深掘基地、博物馆等的科学内涵与人文精神，将科普价值的彰显与调动参与者的探究欲相融合，用丰富的有体验感的活动形式和丰富经验的导师团队作为保障。

整体项目设计上应从"主导型"转向为"引导型"，以中小学生观察世界的角度和自主学习活动的方式来表述，而不是以成人的角度和传授知识的方式来表述，一般不以结论加验证的方式呈现课程内容，而要尽可能通过设计相应的活动，引导学生通过探究得出结论，给学生的自主学习留有充分的空间；研学课程尽可能多样化、精细化、科学化。根据中小学生的心理、研学主题等特点，在体现教育性的同时，凸显趣味性、科普性、实践性和探索性，带给参与者更具前沿性、未来感的认知。

上海海昌海洋公园目前已开展的青少年科普研学教育项目初见成效，今后依然会在加强海洋科普教育、提升公众海洋意识方面持续努力；定期完善升级硬件设施设备，丰富夯实课程内容，开发多样化的实践活动项目，从受众年龄、课程知识类型、地域差别等方面进行个性化、专业化的"订单式"设计，为不同需求的群体提供更优质的研学教育服务。

（上海海昌海洋公园）

# 让贝壳开启海洋科学的大门

## ——青岛贝壳博物馆海洋科普教育

### 一、案例概况

青岛贝壳博物馆坐落于山东省青岛市西海岸新区唐岛湾畔，是以贝壳为主题，集研究、收藏、科普教育、文化旅游为一体的自然类博物馆。博物馆展藏来自 60 多个国家的 30000 枚贝壳标本、2000 件化石、1000 余件艺术品。这里既有号称"海贝之王"的直径 1.3 米的大砗磲，也有需用放大镜才能看到的小沙贝，还有来自 4.5 亿年前奥陶纪的鹦鹉螺化石。青岛贝壳博物馆始终坚持"探索自然 启迪未来"的理念，立足看得见、摸得着的贝壳标本，旨在为广大青少年认识海洋打开一扇窗户，搭建一座认知海洋的桥梁。青岛贝壳博物馆先后获得 2021—2025 年度首批全国科普教育基地、国家级海洋科普教育基地、国家级海洋意识教育基地、国家二级博物馆、山东省三星级科普教育基地等称号。

### 二、具体实施

#### （一）深挖科普内涵，创新内容研发，打造硬核学科教育体系

小小的贝壳，看似简单，却是海洋生物的典型代表。软体动物种

东方贝壳文化博览园

类繁多，生活范围极广，据统计已记载的就有 11 万多种，仅次于节肢动物，是动物界第二大门类。不同软体动物之间，贝壳的形状差异是非常大的，而每种贝壳都是长期历史进化、适应各自栖息环境的结果。因此，研究贝壳对于认知海洋很有意义。

尽管贝壳比较常见，但是大众特别是青少年对于贝壳的认知是熟悉而又陌生的。贝壳不止外形好看，不止停留在餐桌美食上，细究之下，还蕴含着丰富的自然科学和人文科学知识。青岛贝壳博物馆立足藏品，深挖相关科普内涵，范围涵盖历史、文学、医药、艺术、数学、物理、化学等 30 余门国家一级学科，进一步丰富青少年的科普学习体系，为其成长阶段提供更多、更系统的海洋科普知识。从人文

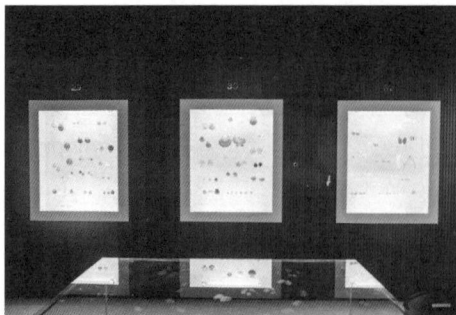

青岛贝壳博物馆的展馆一角

馆藏古贝壳化石

学科到自然学科，青岛贝壳博物馆希望学生借助贝壳，以小见大，在探究的过程中，培养博物思维，建立科学思考的习惯。

## （二）注重跨学科融合，研发沉浸式研学课程

课程在教育活动中始终处于基础和核心的地位。青岛贝壳博物馆是一家贝壳主题博物馆，但贝壳仅仅是作为自然探索的一把金钥匙。青岛贝壳博物馆的愿望是希望通过贝壳，探索自然，启迪世界。所以，在贝壳研学体系规划上，从贝壳出发，但不拘泥于贝壳，从领域上由贝壳生发到海洋教育、自然教育等；从学科设置上，打破学科界限，实现跨学科式探索。以研学课程为例，青岛贝壳博物馆研学课程主要呈现两个特点。

### 1. 在跨界学科的操作方法中，追求核心素养发展目标的结合与渗透

根据教育部《中国学生发展核心素养》内容和精神，青岛贝壳博物馆将研学定位为实现和培养核心素养的综合载体。以汉字主题课程为例，研学目标从科普认知、情感发展、问题解决三个维度展开，同时提出相匹配的发展核心素养目标——信息意识、乐学善学、问题解决。

"仓颉造字"研学课程场景

**2. 打破传统博物馆"不是讲解，就是参观"的活动方法，注重学习方法的培养**

以青岛贝壳博物馆为例，在研学初级阶段，以讲解参观为主。尽管出色的讲解是博物馆一大特色，但是一旦受众主体变更为中小学生，由于学生阶段固有的认知心理特点，时间一久，其很容易出现注意力游离现象，兴致勃勃的老师与游离的学生形成鲜明对比，年龄越小情况越突出。缺少课程设计，缺少参与体验，很容易导致走马观花，甚至游而不学。针对这一现象，青岛贝壳博物馆进行了初步尝试，让研学和讲解参观之间绝对不要画等号，而是利用有限的空间，融入优质的过程设计。比如，首先把琐碎的讲解系统化，将讲解词提炼为若干个科普故事，如《神奇的鹦鹉螺》《海贝之王大揭秘》《蜗牛背上的小学问》，从而达到主题突出、印象深刻的目的；其次，在讲述科学故事的同时，增加趣味互动，陀螺是怎样诞生的，让学生亲自动手拧一拧……通过互动，让学生参与进来，自我探究，寻求答案。

《小贝壳 大世界》科普绘本

## （三）立足科普成果，为青少年量身推出丰富的科普读物

科普创作多元化模式的基础和源头是科普作者多元化。青岛贝壳博物馆采取内外并用、相互融合、灵活搭配的方式克服了科普作者的"瓶颈"，建设了科普作者平台，实现作者与作品的同步发现。多元化的创作群体产生了多元化的作品形式，各种形式的科普作品在科学性、思想性、艺术性上各有侧重，形成了立体式的"贝壳"主题科普作品"生态群"。青岛贝壳博物馆建馆以来，共产出930篇"贝壳"主题原创科普文章，在数量上保持每年近30%的增长率，并呈逐年递增趋势。以内部作者为主，结合专业机构及馆外专家，青岛贝壳博物馆完成了《神奇的贝壳启蒙大卡》《贝壳不简单》《神奇的螺旋》《贝壳里的科学奥秘》《让贝壳回家》《贝壳与化石》共6部科普图书的出版。

## （四）探索丰富多元的馆校合作模式

### 1.扎实推进送科普进校园

近年来，青岛贝壳博物馆在科普文化传播上，立足于馆内科普的同时，借助社科普及周等科普教育品牌影响力，把科学知识带进校园

科普进校园公益课堂

"珍爱自然资源，让贝壳回家"知识竞赛决赛现场

校园贝壳博物馆

和社区。仅以 2019 年为例，科普进校园、进社区累计年度公益科普人数 4587 人次，被评为山东省科普示范工程项目。

### 2. 举办中小学生海洋知识竞赛，扩大影响力

为了进一步扩大科普工作范围，提高社会大众尤其是中小学生学习海洋科学知识的基础能力，青岛贝壳博物馆与自然资源部、青岛市文明办、青岛广播电视台、西海岸新区教体局等部门联合推出大型公益活动"让贝壳回家"知识竞赛，西海岸新区中小学生全员参与线上知识竞答和线下现场比拼，科普人数高达 30 余万人次，人均科普时间约 60 分钟，累计科普时长为 30 万小时。

### 3. 把博物馆搬进校园，建立贝壳科普示范学校

2015 年 7 月，青岛贝壳博物馆资助齐鲁第一实验小学建立国内第一座校园贝壳博物馆。齐鲁第一实验小学的校内博物馆以贝壳标本、化石、文物艺术品以及科普教

育四大板块为依托，为学生系统、立体地展示了贝壳文化，并匹配了"空中课堂"和校本教材，将海洋教育融入校园文化，帮助更多学生认识海洋、触摸海洋，让更多的学生知海、亲海、爱海。

## 三、经验与启示

建馆 8 年来，青岛贝壳博物馆在海洋科普教育方面做了稳健而扎实的探索，有经验也走过不少弯路，概括如下。

### 1. 加强顶层设计，建立健全工作协调机制

通过签订馆校共建协议、举办馆校互动活动、建立第二课堂等方式，加强馆校联系。在教育系统覆盖上，注重点、线、面的结合和搭配。既要有像齐鲁第一实验小学这样的馆校深度融合案例，了解并落实一线教育诉求，也要不断地扩大科普覆盖面，由区、市辐射周边地区。

### 2. 深层次融入青少年教育教学，丰富博物馆教育内容

在内容挖掘上，除了藏品本身需要"深挖墙、广积粮"外，更要深层次融入青少年教育教学，不断丰富博物馆教育内容。科学兴趣的激发和启发思维的培养重于知识灌输。需要明确每个学段不同类型课程的教学目标、体验内容、学习方式及评价办法。

### 3. 在人才机制上，坚持开放、多元、融合

要善于动员社会力量、馆内专员以及专家学者参与教育项目的研发。利用"科普在行动""科普五进"等项目，经常性组织开展参与面广、实践性强的教育活动。

### 4. 完善藏品数字化，建设智慧博物馆

在教育活动设计上，要充分考虑青少年教育需求，并在逐步完善藏品数字化、智慧博物馆建设中兼顾青少年教育功能。青岛贝壳博物

馆在利用现代信息技术建立本区域网上博物馆资源平台和博物馆青少年教育资源库方面，还存在很大的上升空间。

海洋教育以及科普教育都是面向未来的教育，未来教育也需要从有界到无界、从静态到动态、从当下到长远的海洋思维。如何真正启发科学兴趣，培养融会贯通的科学思维和能力，是在海洋教育中真正需要拾的"贝"。这是青岛贝壳博物馆教育职能所需要面对的课题。一沙一世界，一贝一海洋。青岛贝壳博物馆以及即将落成的东方贝壳文化博览园将以平台之力、深潜之心，做好"拾贝人"角色，为我国的海洋教育事业贡献一"贝"之力。

（青岛贝壳博物馆）

小学

篇

# 海韵丁香

——北京市汇文第一小学海洋意识教育课程

## 一、案例概况

北京市汇文第一小学（原北京市东城区丁香胡同小学）开展海洋教育已有 30 多年，校旗不仅插上了南极、北极，还曾随"蛟龙"号深潜器下潜到大洋深处 7000 多米；学校领导、教师、学生先后 10 人曾到达过南极、北极，并出版发行了《神奇的南极》《极地生灵》《从南极到北极》三本书。2016 年，北京市汇文第一小学被国家海洋局宣传教育中心命名为"全国海洋意识教育基地"；2019 年，被中国海洋学会授予"全国海洋科普教育基地"称号。全校师生对海洋、对极地怀有极大的探索梦想，因此学校统筹规划海洋教育，将其纳入学校整体课程体系中，开发了"海韵丁香"海洋意识教育课程。

1993 年，校旗在南极长城站

1999 年，校旗在北极

2008 年，校旗及教师在北极黄河站

2010 年，校旗及教师在南极中山站

2012 年 6 月，校旗随"蛟龙"号下潜

每年寒、暑假，学生均参加海洋研学活动

2017 年 1 月，时任校长郑智学在南极长城站

2017 年 1 月，时任校长郑智学参与南极中国少年纪念标更换

2016年，获得"全国海洋意识教育基地"称号

2019年，获得"全国海洋科普教育基地"称号

## 二、具体实施

### （一）课程设计

#### 1. 课程简介

学校依托原国家海洋局、北京市学生海洋意识教育办公室、中海油公司等相关机构，打造"海韵丁香"海洋意识教育课程。"海韵丁香"是在学校"全人教育"课程体系下的综合课程，它关注学生爱海洋、护海疆的海洋国土意识、海洋开发与利用的资源意识、保护海洋与造福人类的环保意识，是一门集爱国主义教育、科普教育、环保教育为一体的综合性课程，其内容涉及海洋基本知识、海洋科技、海洋文化、海洋资源、海洋军事、海洋环保、海洋生物等方面。在国家课程中，学生初步感知海洋；在选修课程中，学生学习海洋、研究海洋；在研学综合课程中，学生拥抱海洋。

#### 2. 课程目标

引导学生了解海洋的相关知识，激发学生探索海洋的兴趣。

采用实践体验、学科渗透及融合的方式开展海洋意识教育，使学生树立正确的海洋观。

学生拥有海洋情怀，热爱海洋，愿意守护海洋、守护海疆。

## （三）课程内容

### 1. 教学核心方法

讲授、实验、报告、实地参观、经验分享、现场交流、分组学习、竞赛等，调动学生的学习积极性，使海洋教育内容更加立体、直观、全面。

### 2. 教学专题设置

专题内容主要有极地教育（普及）、《海韵丁香》海洋意识教育读本、《我们爱海洋》教材、小 R 联盟海洋意识教育、海洋研学、极地科考。

### 3. 教学内容及实施

（1）极地教育

极地教育主要以全校性的讲座、报告为主要形式。利用开学典礼或结业仪式等全校集会，邀请相关专家到校做报告。如邀请我国著名南极、北极科考专家、科普作家位梦华为学生讲述南极、北极的故事，邀请曾任极地办主任的曲探宙为学生讲授极地知识，邀请海洋环境预报中心许淙为学生讲解南极水的故事……学生在故事中成长，在故事中种下极地探索梦想的种子。

（2）《海韵丁香》海洋意识教育读本

《海韵丁香》教育读本的学习任务主要安排在高年级，将学校文化、育人目标、学校开展海洋教育的历史与海洋教育内容巧妙融合，每周一节。授课教师为本校教师。

具体内容如下。

《海韵丁香》海洋意识教育读本

## 第一册　蓝色高林①——海洋知识汇

第一章　认识大洋生命

第二章　海底的真面目

第三章　探秘北极海域

第四章　在南极冰盖下

第五章　海水从哪里来

第六章　海洋会呼吸

第七章　无风不起浪

第八章　可怕的大海啸

第九章　洋陆构造

第十章　海底地形

第十一章　海峡和海湾

第十二章　洋流的功与过

---

① "高林"是学校老教学楼"高林斋"的名字。

## 第二册　科学育人——海洋科技馆

第一章　挖掘海底宝藏

第二章　向海洋要石油

第三章　煮海成盐技术

第四章　海水如何淡化

第五章　海洋建筑物

第六章　海上城市设想

第七章　穿越海底隧道

第八章　水底海洋城

第九章　点水"炼金"

第十章　海洋林业牧场

第十一章　蛋白质与海洋

第十二章　海洋制药医库

## 第三册　德厚①载物——海洋文化吧

第一章　秦始皇东巡宣海权

第二章　汉天子威家海内成一统

第三章　郭守敬南海观天象

第四章　郑成功收复台湾

第五章　海的女儿（童话）

第六章　海上仙山（神话）

第七章　致大海（诗歌）

———————————

① "德厚"是学校老教学楼"德厚斋"的名字。

第八章　鲁滨孙漂流记（小说）

第九章　生活习惯

第十章　服饰饮食

第十一章　海洋节庆

第十二章　神灵信仰

**第四册　智勇报国[①]——海洋意识流**

第一章　南中国海科考

第二章　西沙群岛海战

第三章　钓鱼岛问题的由来

第四章　春晓海权之争

第五章　上升的海平面

第六章　濒临灭绝的鲸类

第七章　我们不要赤潮

第八章　珍惜渔业资源

第九章　圆梦航空母舰

第十章　亚丁湾护航

第十一章　随“蛟龙”号深潜

第十二章　“一带一路”倡议

（3）《我们爱海洋》教材

《我们爱海洋》是原国家海洋局开发的教材，主要在低年级选修课上使用，让学生结识千奇百怪的海洋“居民”，感受海洋的变化莫测，逐渐感知海洋，萌发热爱海洋的情感。

① “智勇报国”是学校校训的后半部分。

海洋研学活动

（4）小 R 联盟海洋意识教育

这是中海油（天津）小 R 联盟与学校共同开发实施的课程，主要以选修课程形式呈现，师资为中海油专业人员。

（5）海洋研学

海洋研学主要针对 3～6 年级学生，特别是学校各社团优秀成员和六年级学生。利用寒、暑假期，学校组织优秀学生组成"极地·海洋科考队"，到祖国各沿海城市了解海洋文化，进行海洋相关内容的小实验和探究学习。

（6）极地探究

学校在寒、暑假招募极地科考队的队员，带领他们参与"少年极先锋"科考，在相关专家指导下赴极地采集标本，进行分析研究。

**4. 课程评价**

不同内容的学习，其评价方式、评价重点有所不同。

针对海洋必修课程，教师主要对学生的学习态度、学习效果、完成作业情况进行评价。

针对海洋选修课程（走班制），教师主要对学生的出勤、学习态度、学习效果进行评价。

针对研学、极地科考课程，评价分为过程性评价和终结性评价。过程性评价（80分），从态度、参与情况、落实情况、遵守规则、能够自理、安全自理等方面进行评价，主要由教师带领学生完成评价；终结性评价（20分），主要从成果呈现、分享和再学习等方面由教师进行综合评价。

## 三、经验与启示

在实践过程中，学校也走过弯路，如开始的管理目标过于理想化、缺乏层次、管理体制不够完善等，特别是评价仍然重形式、轻效果，导致过多地关注表层的东西，忽视一以贯之、连续递进的育人效果。所以学校逐步意识到，海洋教育在关注综合素养与课程实施之间还存在"两张皮"现象。结合相关问题，学校不断调整海洋教育目标，力图达到一以贯之、连续递进的育人效果。

在"海韵丁香"海洋意识教育课程的总体设计上，学校进行了育人目标的调整，重新定位、重新设计了海洋课程。除了分年级、分层次的知识目标之外，还涉及育人目标。如何将综合素养的培养更好地在海洋教育的课程中体现呢？核心在于评价，即借助目标制定评价标准、通过评价标准审核目标设计的过程。于是，学校重新审视、反思、调整定位、重新建构，在实践中，通过学生自我体验、同伴评价、教师评价、家长评价的多元评价形式，实现知识、能力、方法以及情感、态度、价值观等多点评价的效果，促进了学生综合素养的整体提升。

开展海洋教育实践后，我们欣喜地看到学生的爱国情怀、民族认同度明显加深，社会责任感和实践能力显著提高，甚至有了初步的人生理想，学生团结友爱、乐观向上的精神状态和伙伴间相互帮助、互亲互爱的同学情谊更深，自立自强、爱护环境的意识逐步提高。这种情感的体验、能力的提升，远胜过任何课本知识的获得。

学校也通过学生的评价，反思学校育人活动的设计和育人效果，发现问题与不足，提高教师对活动的理解力、执行力，促进学校教育的反思与改进。

## 四、海洋诗歌欣赏

### 海军强

五年级一班　李昊朗

强大军舰港口停，主炮导弹样样行。

若有敌军来犯境，中国海军上前迎。

### 净滩

五年级四班　王昱栋

游至大连来净滩，水波滔滔海连天。

眼望遍地是垃圾，心中感慨无限长。

用夹捡起垃圾多，垃圾种类分类好。

保护海洋我争先，人人遵守我做到。

# 赶海

五年级一班　黄绮桐

五年级三班　王昕茁

五年级四班　杨景璇

阳光明媚去赶海，海风吹拂我心窝。

手拿小铲和水桶，花蛤小蟹捉不停。

钓个蛏子有窍门，撒点盐巴诱它出。

收获海产真不易，渔民伯伯付出多。

营员体验知辛苦，珍惜成果不浪费。

此次经历永难忘，懂得感恩记心间。

（北京市汇文第一小学　倪彦鹏[①]）

---

① 作者现工作单位为北京市东城区春江幼儿园。

# 我爱这蓝色的海洋

## ——中国农业科学院附属小学海洋教育

### 一、案例概况

从 2012 年起，中国农业科学院附属小学少先队启动了"学雷锋红领巾志愿者行动"，组织少先队员们走进海洋馆为游客讲述海洋故事，普及海洋知识，宣传海洋动物保护，倡导低碳环保生活。

中国农业科学院附属小学的海洋科普教育，着力让学生动手实践、自主探究。学校每学期都会多次开展"海洋科普进课堂"活动。另外，学校还开设了海洋广播。每周一次的海洋广播，把很多海洋科普知识以及最新的海洋研究动态，及时向全体师生宣讲。

在海洋教育方面，中国农业科学院附属小学设置了海洋中队，在海洋中队中开展许多特色活动，队活动课就是其中的一种。笔者非常荣幸，能够在全国海洋论坛上，通过一节少先队活动公开课，展示了学校海洋教育的部分成果以及学生的学习成果。

### 二、具体实施

队活动课的主要内容如下。

**主题名称**

我爱这蓝色的海洋

**教育目标**

1.通过队活动课让队员了解海洋权益、海洋国土的相关知识。

2.通过队活动课让队员了解我国为保护自己的海洋权益所做的不懈努力。

3.通过队活动课让队员树立保卫海洋国土、维护海洋权益的意识。

**准备过程**

各小队合理分工,准备活动课所需视频、图片,调研相关内容。

所需资源:三沙市图片、手抄报、专家讲解、研学活动体会、海洋中队队旗、前期调研。

**活动过程**

**(一)地图改版,引入话题**

主持人1:各位来宾、老师们好!我们中队的队员们在课余时间特别喜欢看课外书。一次读书后的交流中,我们发现了一个有意思的问题——中国的地图由以往的横版改为了竖版。

主持人2:大家看,横版中国地图不是一幅全图,而是由主图(大陆)和附图(南海及南海诸岛)两部分组成。附图放在右下角,比例尺是主图的二分之一。整幅地图看起来似一只雄鸡,俗称"雄鸡版"中国地图。新编竖版《中华人民共和国地图》是一幅中国疆域全景图,首次将南海及南海诸岛与大陆同比例展示。地级市三沙市及所管辖的主要岛屿、南海疆域U形线、我国与南海周边国家位置等清晰可见,因中国疆域整体形状似火炬，故称"火炬版"中国地图。

主持人1：由此，我们又产生了新的疑惑——好好的地图，为什么要改版呢？难道是这片海洋有什么特殊之处吗？今天我们非常荣幸地请到了大连舰艇学院的陆儒德教授，就请他来为我们讲讲地图改版的故事。

···········

横版地图的缺陷：不能直观、完整地展示国家疆域。南海海域缩小二分之一、置于一角，易给人造成"陆主海附"的印象，形成中国东西宽、南北窄的疆域观。

竖版地图：完整、准确地展示了中国疆域及海陆分布。

### （二）华彩南海，美丽三沙

主持人2：2012年6月，我国设立了三沙市。我们的队员们对此非常感兴趣，也进行了一系列的研究活动，搜集了大量的三沙市的图片资料。下面，请队员们把自己了解的信息向其他同伴介绍一下。（队员们离开座位互相介绍）

主持人2：现在请所有队员回座位。哪个小队愿意把你们的信息分享给大家？

海星小队：我们海星小队特意到王府井大街参观了"美丽三沙，华彩巨变"三沙市建设发展图片展。······

···········

### （三）资源丰富，物种多样

主持人1：谢谢海星小队的分享。通过队员们的介绍我们可以知道，南海不仅特别美丽，而且海洋资源也特别丰富。珍珠贝队的队员们亲手绘制了手抄报，来请他们来给大家介绍介绍吧！

海星小队介绍

珍珠贝队：为了更好地认识南海，我们小队的队员们查阅了大量资料，并进行了手抄报的绘制。请看屏幕展示。

珍珠贝队：听了这么多介绍，相信大家已经对美丽海洋产生了无尽的向往。我们小队荣幸地请到了中国地质研究院的魏云杰教授，请他来为大家介绍一下三沙地区丰富的资源。大家掌声欢迎。

魏云杰教授：今天非常荣幸地来到这里，参加咱们这个非常有意义的活动。我简要地向大家介绍一下三沙市丰富的资源。三沙市是我国最南端的城市，我国最年轻的城市，我国陆地面积最小、海洋面积最大的城市……

### （四）可敬战士，保礁护礁

主持人2：南海及南海诸岛不仅战略地位重要，其所蕴含的丰富资源还关系着我们国家未来的生存与发展。那里虽然风景优美，但是驻守在那里的部队官兵们的生活条件异常艰苦。下面就让我们来听一听部队叔叔们的故事……

海豚小队：南沙群岛的岛、礁、滩、沙数量很多，面积很小，彼此之间的距离却很远。这是1988年建造的第一代"高脚屋"，它的面积仅有10平方米左右，守礁官兵形象地称它为"海上看瓜棚"。

### （五）研学活动，增长见闻

主持人1：感谢日夜保护美丽富饶的三沙市的部队叔叔们。我们中国农科院附属小学的队员代表们在学校的大力支持下开展了研学活动。请参加研学活动的海狮小队来介绍一下参加研学活动的见闻和体会。

海狮小队：大家好，下面我们与大家分享一下海洋研学活动的见闻和体会。这次活动让我们印象最深刻的地方是参观中海石油环保服务公司。在那里，我们学到了有关石油的知识。

……

像石油这样的不可再生资源还有很多，所以我们呼吁，在座的同学们一定要保护海洋环境，共同保护我们的蓝色家园。

### （六）海洋意识，你我共学

主持人2：大家对于海洋的认知情况是怎样的呢？为此，白鲸小队的队员们先后上网查阅了资料、设计了调查问卷，还做了街头随机采访。

白鲸小队：大家好！我们采访了我校三年级的队员们。问题是："中国海洋领土面积是多少？"

白鲸小队：我们一共采访了8位校工，向他们提出的问题是："您知道中国海岸线全长是多少吗？"其中，只有少数人知道正确答案。

白鲸小队：除了采访，我们小队面向低、中、高年级的学生发放了 210 份问卷，提出了"海洋面积能不能计入国土面积"等问题。关于海洋国土面积，有 180 人能够选出正确答案 300 万平方千米，约占调查人数的 86%。另外，调查中还发现仅有一半左右的同学知道"海上丝绸之路"，仅有约 45% 的同学知道我国设立三沙市。

白鲸小队：由此可知，在海洋国土意识方面，还应该加强宣传，让大家整体的海洋意识进一步提高。在海洋国土知识方面，大部分人对知识的了解不够准确和深入，应该加强普及相关知识。

主持人 1：宣传海洋国土知识、强化海洋国土意识应当从我做起！那么，为了保卫我们深爱着的这片蓝色的海洋，你准备怎么做呢？（对 2～3 名队员进行随机采访）

### （七）发起倡议，共同行动

主持人 2：你们说得太好了！了解海洋、保护海洋，从我做起，从现在做起。今天，我们五年级六班七色花海洋中队全体队员向全中国的少先队员发出倡议：让我们一起关注国家的海洋发展战略，共同学习海洋知识，用我们的力量号召更多的人增强自己的海洋意识。

主持人 1：有请中队长向中国农业科学院附属小学少先队大队委员会提交倡议书。

中队长：下面有请陆爷爷、辅导员井老师和队员代表在海洋中队队旗上签名留念。

## 三、经验与启示

作为海洋教育特色学校，中国农业科学院附属小学常设海洋特色教育课程。这节队活动课展示了学校海洋教育的优秀成果，为海洋教育增添了非常宝贵的教育经验。

第一，作为内陆城市的北京，海洋教育最好从身边有关海洋的事物出发，引发学生的思考，求证的过程也是学习积累的过程，更是不断了解新事物的有效途径。这节活动课上，队员们围绕地图横改竖的变化展开讨论和思考，进而增加对南海的关注，深入了解南海的历史和现状，在解答疑问的过程中积累了丰富的海洋知识。

第二，兴趣的培养非常重要。中国农业科学院附属小学依托周边的资源，每学年都组织学生到北京海洋馆去参观、当志愿者义务讲解，同时还去了解饲养员如何照料馆内的海洋动物，那些海洋动物又是怎么生活的。正是在这样不断浸润的过程中，学生对海洋产生了浓厚的兴趣，也储备了大量的相关知识，也就有了在本次活动过程中队员对南海相关情况的了解。

第三，挖掘身边的专家资源，方便为学生答疑解惑。有很多学生家长从事地质、船舶相关专业研究，学校和他们建立了密切合作关系，家长们也愿意为队员们做讲座。在诸多专家的引领下，学校也涌现出了一个个"小专家"，并组成了"小小专家团"。越来越多的队员加入其中，越来越热爱海洋，关注海洋的发展。

第四，这次队活动课是一个重要的契机，可以展示学生的学习成果，同时也在激励我们不断前行。队员们浓厚的兴趣、执着的精神和持续关注海洋的热情告诉我们，这样的活动必须持续开展，并且形式应越来越丰富，学生的视野也将更加开阔。

## 四、学生反馈

尽管北京不是沿海城市，但学校结合现有的条件，提升学生的海洋意识。本次活动课与少先队组织教育相结合，展现了队员们从关注地图变化到了解南海、介绍相关海洋知识、立志保护海洋的学习过程。学生非常喜欢队活动课的形式，从多种视角、多种方式展现自己海洋知识的学习成果。我们希望借助全国海洋论坛这样一个平台，与更多地区的学校互相交流和学习，为海洋意识提升做出一些贡献。

队员们一开始对中国地图从横板到竖版的改变产生了极大兴趣，之后主动探究地图改版的过程中涉及的南海相关的知识，并对相关内容进行深入的交流和探讨。在这个过程中，队员们通过丰富多彩的活动形式了解了海洋权益、海洋国土的相关知识，让他们从小树立起保卫海洋国土、维护海洋权益的意识。

（中国农业科学院附属小学　井印）

# 心中有蔚蓝，共筑海洋梦

——山东省青岛莱芜一路小学海洋科普文学普及教育

## 一、案例概况

山东省青岛莱芜一路小学作为青岛市市南区的海洋特色学校，积极响应号召开展"蓝色海洋教育"，着力进行"尚美探海"海洋教育特色建设，为培养学生的"海商"，探索开发特色海洋教育课程。

山东省青岛莱芜一路小学在海洋教育上不断创新，依托联盟单位，开展了分学段、分地点、分任务的海洋研学课程。以培养具有"海商"品格的"美+少年"为指导思想，结合STEM（Science Technology Engineer Mathematics）课程理念，学校开展了"海洋+博物馆"课程。课程每月一个主题，以"请进来"和"走出去"的不同方式拓展学生的学习渠道。学校还举行了海洋专家聘任仪式，开展"海洋作家进校园"系列活动，并且与"手拉手"单位中国海洋大学出版社共同深入探究课程研发，最终确立了"高平台、超水准、深内涵、促成长"四维合一的立足于海洋科普文学教育的特色海洋课程。

## 二、具体实施

海洋文学是海洋文化的重要组成部分，学校选取海洋科普文学为落脚点，面向全体学生开展不同形式的海洋科普文学普及课程，有步骤地推进海洋科普文学的阅读和创作，努力引导学生创作出更多普及海洋知识、富有海洋特色、弘扬海洋精神的海洋科普文学作品。

### （一）"海阅读"课程

文学的创作离不开阅读。阅读不仅会为学生点亮一盏向海前进的明灯，更会给他们带来探海而行的勇气与精神。学校深知阅读对于中小学生的重要性，联手中国海洋大学出版社先行开展了"海阅读"课程。

学校于 2017 年 10 月和 2018 年 10 月邀请著名科普文学作家、中国海洋大学驻校作家霞子老师来到学校。她分别带着《骑龙鱼的水娃》和《北极，有个月亮岛》两部海洋科普文学作品与学生进行读书交流。学生们在与霞子老师分享他们对海洋的认识和想象的同时，也唤起了自己阅读海洋科普文学作品的激情。借此机会，学校与中国海洋大学出版社共同优化了各个班级的海洋科普文学书架。每个班级的书架上都有四五十本海洋科普文学图书，涵盖了海洋历史、海洋生物、海洋军事、海洋与生活等方面。

学生在阅读后不仅得到了知识能力和情感价值观的双提升，更借助各种方式将自己喜欢的内容或者对海洋科普文学的所思所感表达出来。为了给学生提供一个更为宽广的展示平台，学校与中国海洋大学出版社携手，积极开发学校海洋信息化平台，建立"莱自海洋"线上科普网站。该网站与学校的公众号相关联，通过海洋科普专栏"莱·知海、莱·阅海、莱·看海、莱·听海、莱·写海、莱·微课" 6 个主题，面向全体师生进行海洋科学知识、海洋文化知识的普及。学生可以通过"聆听海洋"专栏展示自己的朗读作品，表达自己对海洋科普文学的热爱。

霞子老师与学生交流

海洋科普文学书架

　　"海阅读"课程的开展，普及了海洋知识，而且提升了学生的阅读能力、理解能力和海洋意识。

　　2."海创作"课程

　　为了更好地满足学生的成长需求，激发学生对蓝色海洋的探索热情和对海洋科普文学题材的创作热情，学校与中国海洋大学出版社深入讨论研究后，邀请了中国海洋大学出版社的众多编辑来到学校，开展了"海创作"课程。

这一课程的"主阵地"是每周四下午的海洋文学社团。2018 年秋季开学初，学校与中国海洋大学出版社共同探讨，制订了详细的课程安排计划，1 ~ 2 年级学生由本校海洋教师带领，进行海洋科普文学诗歌的创作学习；3 ~ 6 年级学生则由中国海洋大学出版社的编辑们从不同角度进行海洋科普知识的讲解和海洋科普文学创作的指导。

学校"莱自海洋"网站及"聆听海洋"专栏展示

青岛莱芜一路小学 2018—2019 学年第一学期"海创作"课程安排表

| 课程名称 | 3～4 年级<br>时间安排 | 5～6 年级<br>时间安排 |
|---|---|---|
| 北极，有个月亮岛（霞子科学童话分享及社团开班仪式） | 9 月 27 日 | |
| 海盗那些事儿 | 10 月 18 日 | 10 月 25 日 |
| 追踪珊瑚（大堡礁生态系统）<br>神奇的海水研究 | 10 月 25 日 | 10 月 18 日 |
| 舌尖上的海洋：大海的馈赠 | 11 月 1 日 | 11 月 8 日 |
| 海怪出没，请注意！（想象力写作课） | 11 月 8 日 | 11 月 1 日 |
| 我爱吃海鲜 | 11 月 25 日 | 11 月 22 日 |
| 海底地形探秘 | 11 月 22 日 | 11 月 25 日 |
| 寻找海底宝藏（海洋考古） | 11 月 29 日 | 12 月 6 日 |
| 欧美文学中的海洋作品赏析 | 12 月 6 日 | 11 月 29 日 |
| 电影里的海洋生物 | 12 月 13 日 | 12 月 20 日 |
| 经典童书诵读欣赏 | 12 月 20 日 | 12 月 13 日 |
| 讲中国海洋故事，听华夏文化涛音 | 12 月 27 日 | 1 月 3 日 |

深厚的海洋文化、神秘的海洋世界，都是值得探究的。学校在指导学生探究海洋的过程中并不局限于科普知识。所以，"海创作"课程在设计上以多维度、多角度的架构来提升学生对海洋自然科学、人文科学的探究能力。编辑们从不同角度对学生进行了授课，有的带学生探究海洋的秘密，有的带学生感受海洋的历史，有的带学生品味生活中的海洋，有的带学生畅游文学的海洋。在学习中，学生意识到海洋对于人类的重要意义，更了解到现在的海洋环境危机。学生看到了满肚子垃圾的海龟，看到了被渔线缠住嘴巴的海鸟，看到了骨瘦嶙峋

学校"海创作"社团课

的北极熊。这些触目惊心的画面和不断深化的海洋保护意识，让他们决定爱护海洋、保护海洋，通过文学创作发声。这一课程使学生们不仅开阔了眼界，提升了文学创作能力，更坚定了保护海洋的决心。

经过一学期的"海创作"课程学习后，各年级学生在期末展示了自己的"海创作"作品。低年级学生的创作有画有文，天真可爱；中年级学生的海洋科普文学手抄报描绘了海洋保护、海洋文学等众多主题；高年级学生更是发挥天马行空的想象力，写出了一篇篇精彩的海洋科普小文章。学生得到了能力和情感的提升，学校在与中国海洋大学出版社的携手合作中实现了海洋科普文学的全面普及。

## 三、经验与启示

### 1. 课程选题具有创新性

在选题上，从学生的海洋认知水平和阅读、写作能力出发，在中国海洋大学出版社的帮助下，创造性地研发了学校的特色课程。这一课程由"海阅读"和"海创作"两个子课程构成，将立足点放在将自然和人文融合在一起的海洋科普文学的阅读和创作上，整个课程逐层推进、系统深入，不仅丰富了学生的海洋知识体系，又在一定程度上促进了其阅读能力和写作能力的提高。

**2. 实现了海洋科普文学的育人价值**

21世纪是海洋的世纪，海洋是人类可持续发展的希望，更拥有着丰富的育人资源，为培养全面发展的人才积极贡献力量。在海洋科普文学中，我们可以挖掘到大量的知识，通过海洋特色课程，将海洋科普文学的育人价值实现于海洋科普文学的阅读和创作中，创设海洋情境，不仅丰富了学生的海洋知识，也在创作过程中实现了海洋科普文学的育人价值，让学生爱海、知海、亲海，为我国的海洋建设培育新型人才打好基础。

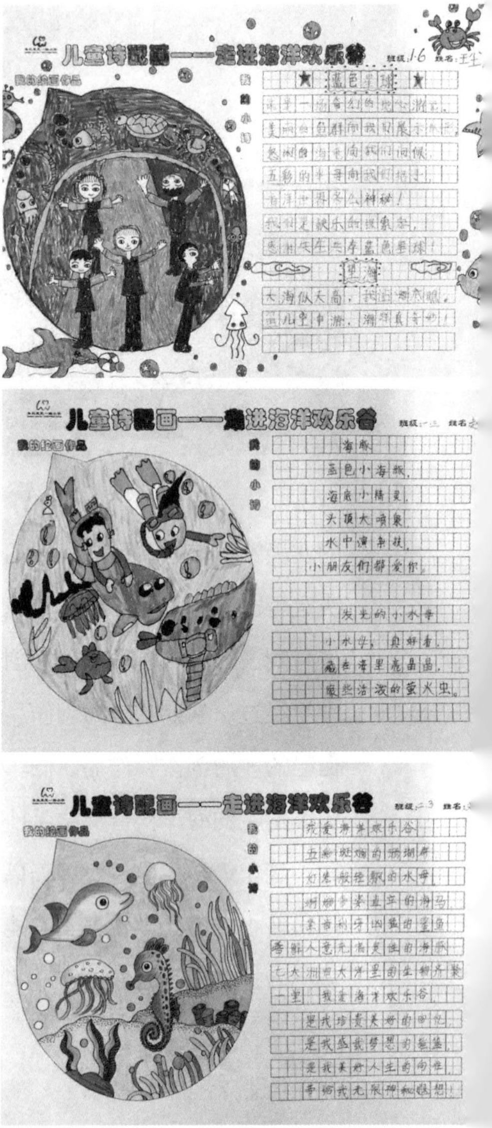

学生海洋科普"诗配画"作品

学生海洋科普手抄报作品

## 四、学生反馈

首先，"海阅读"和"海创作"课程，实现了"高水平、超水准、深内涵、促成长"四维合一的教学模式。

其次，"双减"背景之下，海洋特色课程成为育人的新途径。老师们都说，这样的课程应该长期坚持下去。

再次，学生参与其中，通过阅读、探究、创作，加强了对海洋的了解，提高了自身的探究能力和写作能力，形成了爱海、知海、亲海的海洋情怀和海洋意识，让海洋知识"活"起来，使更多学生爱上海洋。学生们都说喜欢这样的课程，喜欢老师的讲解，喜欢同伴的分享。

最后，家长欣喜地看到孩子在写作水平提升的基础上，也获得了丰富的海洋知识，感谢学校引入高水平师资，助力孩子海洋文学梦的实现。

（山东省青岛莱芜一路小学　金颖　董璇）

# 创建"慧创海育综合体"

## ——山东省青岛市市南区实验小学海洋教育

## 一、案例概况

山东省青岛市市南区实验小学，坐落于青岛中心城区人文地标湛山脚下，依山伴海的区位优势和悠久丰沛的人文积淀，为市南区实验小学20余年持续深耕海洋特色教育提供了优厚土壤。学校前身是始建于1934年的湛山小学，1994年迁址新建，以"实验小学"命名，领青岛教育之先，开启了"以海育人"的探索之路。1998年，中国海洋学会授予市南区实验小学全国首家"少年海洋学校"称号，由中国工程院院士袁业立出任首任校长。近年来，学校以科研为引领、以课程为依托，创建了"慧创海育综合体"这一持续性、系统化的特色育人模式。

一是搭建海洋教育理论体系。学校陆续研发出版了《少年海洋科普活动》《海洋知识千千问》《海洋实验课程指导指南》《海洋研学课程指导手册》《慧创海洋DIY》等多元化海洋校本教材，为海洋教学提供了专业化、个性化的理论指导。

二是打造专业化"海育师资"资源库。学校组建专业化海洋教育教师队伍，建立了以袁业立院士领衔、由各领域海洋专家组成的专家资源库。

三是成立海洋研究院，创建"慧创海育综合体"。学校构建起涵盖海洋基础课程、海洋拓展课程和海洋实践课程，贯穿专家课堂、教师课堂、学生课堂和家长课堂的"三经四维"课程体系。

## 二、具体实施

### （一）理论架构：研发多元化海洋校本教材，夯实海洋课程库

依托国家海洋局第一海洋研究所专家团队的专业指导和帮助，2002 年，学校首次研发出版《少年海洋科普活动》教材，于全校开设具有鲜明特色的海洋科普课程。2010 年，学校整合再版《蓝色海洋教育》，并由青岛市市南区面向全市小学推广。在此基础上，学校将学生提出并解决的问题编辑成册，形成了个性化海洋教材——海洋知识题库《海洋知识千千问》。

2017 年是青岛市市南区课程深度建构年。在这一契机下，学校突破传统课程教学模式，创立"儿童大学"学院课程体系，创建六大学院制学习新模式，专设海洋研究院，与法育学院、语言学院、理创

《少年海洋科普活动》校本教材由海洋出版社出版

学校成立海洋研究院

学院、艺术学院和体健学院并驾齐驱，各自形成鲜明的"学院育人素养指向"。

在此基础上，学校"量身定制"，研发了《海洋实验课程指导指南》《海洋研学课程指导手册》《慧创海洋DIY》等一系列专项校本教材，实现了新型海洋课程的教材定制化，提升了学生海洋学习与研究的专业性。

学校海洋研究院研发的系列校本教材

### （二）师资架构：锻造海育联合育人平台，纵深推进"四维课堂"

#### 1.整合优质海育资源，实现专业教师资源共享

1998 年，学校获评全国首批中国海洋学会科普基地；2016 年，学校成立全国第一家"蓝丝带"志愿队，并加入全国海洋意识教育基地；2017 年 6 月，学校再次成为青岛市第一所"一带一路青少年和平友好发展国际联盟"……依托这些"国字号"平台和青岛区位优势，学校搭建了集众多国家级涉海科研院所、驻青高等院校、驻青部队、涉海行政部门、涉海新型企业于一体的海洋联合育人平台。通过这一平台，学校建立了以袁业立院士领衔、由各领域海洋专家组成的专家"智库"，对学校海洋课程实施、海洋教师培训、学科融合研究、学生实践课题进行高位引领和精准指导。

袁业立院士为学校题词

#### 2."四维课堂"立体推进，全方位扩容"海洋师资天团"

学校以融合"专家—教师—学生—家长"的"四维课堂"为抓手，全方位打造"海洋师资天团"。

学校海洋研究院专家团队承办青岛市海洋教师培训

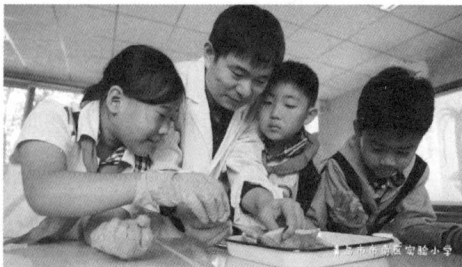

校本海洋实验课

（1）创设专家课堂

与多个海洋科研部门联手，组建海洋专家导师团队，定期邀请导师进课堂。

（2）夯实教师课堂

通过"周深研、月磨课、学期质检"的跟进研究，全方位提升海洋教师的专业素养，提高教师课堂的教学质量。

（3）推进学生课堂

面向学生，设立"海洋宣讲团"，将校园文化中的海洋内容课题化，引导学生通过"微海洋课"开展自主学习。

（4）组建家长课堂

按照学生年龄特点，以班级或级部为单位，展开形式多元化授课，使之成为海洋课程的有益补充。

**（三）课程架构：海洋研究院统领新课程，"慧创"海育综合体**

**1. 深度布局，实力"召唤"海洋"融素养"**

作为学校"儿童大学"海洋特色教育的实施学院，学校的海洋研究院在深度落实课程改革的背景下，构建打通学生海洋"融素养"的三级课程体系：基础课程体系、拓展课程体系和实践课程体系。

"蓝丝带"学校志愿者净滩公益活动启动仪式

田横岛潮间带研学活动

（1）基础课程体系：开发 100 节实验课和"海洋 +"融合课程

基础课程体系包含海洋文化课程、海洋实验课程和"海洋 +"融合课程。在标准化校本教材《蓝色海洋》的引领下，学校在所有年级分层次开展海洋文化课。在 3 ~ 6 年级全面普及海洋实验课程，学校自主研发了海洋生物、海洋化学、海洋物理、海洋艺术四大类 16 个主题的实验课题，每年开设 100 节海洋实验课。

基于 STEAM 教学理念，在各个学科开展"课程融合"项目式研究，进行了"海洋 + 语文""海洋 + 体育""海洋 + 艺术""海洋 + 科学"等一系列海洋融合课程的探索实践。

（2）拓展课程体系："小专家"课题研究满足个性化发展

面向 4 ~ 6 年级学有所长的学生，学校设立了"四士"小专家递进式课题研究项目。"四士"即"小学士、小硕士、小博士、小院士"，学生可以从"海洋与自然""海洋与经济""文化与生活""开发与科技""生态与环保""海洋权益与国防"六大海洋主题中选取感兴趣的小课题，提出项目申请，开展课题研究，完成"四士"晋级。

（3）实践课程体系：研学课程库与项目式课题组合推进

学校构建了海洋文化、海洋科技、海洋军事、海洋运动、海洋艺

学校海洋研究院"四士"小专家课题结题颁奖　　　　学校海洋研究院"海洋知识竞赛"现场

术五大领域的校内外海洋研学课程体系，设计了《海洋研学课程指导手册》。该课程从中年级开始设置，每个年级有2～3个课题可供选择。围绕课题，形成了"选题指导课—开题指导课—成果汇报课"的课程模式，与拓展课程中的项目式课题研究与评价体系有机串联，组合推进。

## 三、经验与启示

### （一）实践经验

#### 1. 理念先行

提炼有品质、有高度的"海式育人"理念，在理念的统一引领下，实现海洋课程体系的合理架构，一方面持续走实课程，另一方面持续进行课程的开发、更新与升级。

#### 2. "三足"鼎立

在海洋课程实施过程中，优质的教材、专业的教师、多元的课程缺一不可。作为传统海洋特色学校，学校注重对基础性校本教材的研发，保证海洋课程的系统化和标准化，保证不同年龄层、知识段学生的分层学习，保证特长学生的个性化发展；学校建立海洋教师培训机制，打造海洋教育资源共享库，对海洋教师的专业化成长与教学起到事半功倍的积极意义；凭借优质教材和专业教师，可以生成丰富的课程"万花筒"，而高品质的课程同样会促进教材的更新与教师的创新，形成良性发展闭环。

### 3. 重点突出

项目式研学是非常好的课程方式，不仅能够打通学生的知识、思维和实践能力，而且可以创造融学科、全情境的学习场域。这样的课程体验，不仅会让学生自觉养成海洋特色品格，也会让学生在潜移默化中培养协作意识以及用所学知识解决实际问题的能力。

## （二）育人反馈

通过特色海洋教育的全面实施，学生呈现出全面素养的提升。随着海洋课程的普及与浸润，学生通过丰富的课题、竞赛、研学、海洋节庆，极大地丰富了自身"有意思 + 有意义"的成长体验。

学生的个性化发展得到充分满足。通过海洋拓展课程，学校培养了一批批"海洋特长"学生。学生的学习兴趣、团队协作、表达沟通等能力都有了显著提高，他们的海洋科学精神、责任担当意识、现代公民素养和开拓创新思维，也在课程中得到充分激发。

此外，丰富多彩的课程，按下了学生快乐成长的按钮，让"兴趣"真正做回了他们的老师。学校为学生打造了校园城市——"慧创城"。依托"慧创城"，各大部门设立学生自我管理制度，形成"慧创城"公民评价制度。通过海洋特色教育和"慧创城"自管理体系，学生源源不断地收获着快乐且有价值的成长能量。

## （三）课程启示

未来，学校将进一步拓展多元育人途径，比如研学课题开发、职业体验设计、论坛活动嵌入、专家课堂引入。

学校将继续推进"海洋＋"融合课程的研发，结合实际教学经验，完善"海洋＋"系列融合课程全套教材的开发。

# 四、学生反馈

一位同学说："'慧创城'的每一个角落都渗透着海洋元素，给我们打造了一座海洋主题校园。每一面海洋文化墙，有主题、有目标，每当在课堂上学习了新的海洋知识、发现了未知的海洋问题，我们都会到海洋文化主题墙上去找找答案，这成了我们的习惯。"

另一位同学说："研学旅行，拓宽了我们的海洋视野。每次研学，我们都会在海洋专家和老师的指导下，在小组自主合作学习中，历经选题、开题、实践研究、成果汇报，形成独一无二的《海洋研学课程学习手册》，使海洋课堂空间宽广起来，也激发了我们知海、爱海的情感。"

还有一位同学说："'有意义＋有意思'的实验课，让海洋课堂生动起来。实验课上，我们通过观察、测量、记录数据、亲手解剖、小组合作、分析问题、交流展示等，发展了探索精神与合作能力、创新能力。我们像科学家一样进行实地考察，提升了海洋科学素养。"

（山东省青岛市市南区实验小学　朱雪梅）

# 丰实内涵促发展，容纳致远铸品牌

——山东省青岛同安路小学海洋教育

## 一、案例概况

山东省青岛同安路小学坐落在美丽的浮山脚下，于 2000 年 10 月正式启用；2002 年，被确立为山东少年海洋学校；2011 年 6 月，被命名为"中国海洋学会、国家海洋局第一海洋研究所实验学校"；2013 年 4 月，被国家海洋局宣传教育中心授予"全国海洋意识教育基地"；2013 年 5 月，被中国海洋学会授予"全国优秀海洋科普教育基地"；2020 年 12 月，被评为"省级海洋意识教育示范基地"；2021 年 3 月，被青岛市教育局评为"高水平海洋特色校"。山东省青岛同安路小学历经 20 余年的实践与探索，走出了一条以点带面、全面发展的海洋特色办学之路。

## 二、具体实施

### （一）提炼文化核心，全面提升办学水平

山东省青岛同安路小学在传承特色发展和顺应时代发展要求的过程中，提出了"容纳致远"的文化核心，围绕管理、课程、特色、师资、德育、文化六大体系齐头并进。在核心理念的引领下，学校不断

加强管理研究，坚持"以人为本、科学管理、力行高效、持续发展"的管理理念，努力提升教师的整体素养和工作能力，促进各项工作规范、协调、有效地开展，全面提升办学水平。

### （二）加强文化建设，优化海洋育人环境

近年来，山东省青岛同安路小学不断充实完善校园文化形象系统，在视觉形象、基础系统、行为应用等领域逐步实施，将外显与内隐的文化元素渗透到校园的每个角落。2002 年，学校打造了全国第一所校内海洋生物馆，陈列了 232 种海洋生物标本和 30 个有孔虫模具；2022 年，学校海洋科普馆全面升级，占地面积 400 多平方米，除了有海洋生物标本外，还增设了 VR 互动体验区；水母实验室是学校海洋教育新开发的实验项目，梦幻水母社团在这里进行水母活体养殖研究，不但可以观察水母、给水母喂食，还在教师的带领下进行水

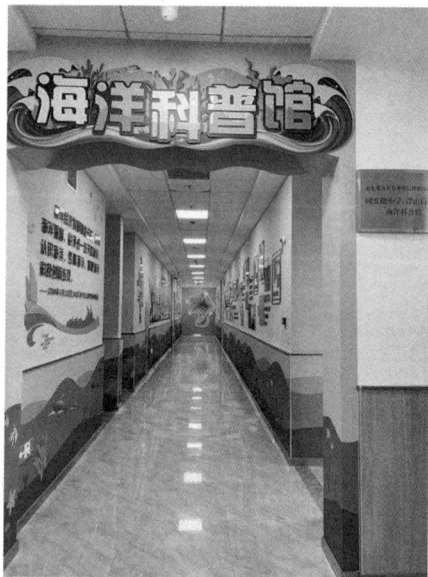

学校海洋科普馆

学生近距离观察水母

母和丰年虾的培育。学生足不出户，在学校就能享受在"海底世界"徜徉的感觉。

## （三）构建课程体系，拓展海洋教育空间

以课程育人为核心，学校对国家课程进行了二度开发，巧借外力，融合资源，架构起多元融合的"国家课程 + 地方课程 + 学校课程 + 探究课程 + 社团课程 + 选修课程""六位一体"的海洋课程体系。

### 1. 国家课程

落实国家课程目标，渗透海洋教育。

### 2. 地方课程 + 学校课程

地方课程以青岛市《蓝色的家园·海洋教育篇》为主，以自编教材《海洋科技》及自然资源部宣传教育中心编写的《我们爱海洋》为辅，激发学生热爱家乡、热爱大海的情感。

### 3. 探究课程

探究课程以"学校主题活动 + 小课题研究"的授课模式为主，让学生在"问题就是课题"的教育理念指导下，学会从学习中遇到的

小问题入手进行探究，合作体验，交流分享，感受到海洋与人类息息相关。

### 4. 社团课程 + 选修课程

社团课程和选修课程以激发学生兴趣的课程为主，让学生自主申报学校的海洋旗语社团、海之风合唱团、沙滩柔道社团、小浪花舞蹈社团、小海星戏剧朗诵社团、击剑社团等。每个社团定时定点组织活动，活动成果于每年的科技节、艺术节、海洋节上进行展示，使学生在社团活动中发展个性、陶冶情操、提升素养。

丰富多彩的课程，拓宽了海洋教育的广度和厚度。

### （四）建立导师团队，助力海洋教育可持续发展

学校海洋教师队伍建立了三级海洋教育导师团。

一级导师团为海洋专家导师团，由袁业立和郑守仪两位院士领

学生们听郑守仪院士讲有孔虫的故事

海洋小导师正在为同学们讲解海洋知识

衔，自然资源部第一海洋研究所、中国科学院海洋研究所、中国海洋大学的专家和博士团队组成。专家导师们通过"每月一讲""实地指导"等形式对全体师生进行培训和活动指导。

二级导师团为海洋教育骨干导师团，学校选拔在海洋教育方面有专长并热爱这一领域的教师，负责海洋教育活动的开发、组织以及指导其他教师开展海洋教学研究。

三级导师团为海洋小导师团，由学生自荐和竞聘后产生的海洋宣讲员组成，负责学校海洋场馆的讲解和宣传以及班级海洋主题活动的设计和宣传。

这三级导师团为学校的海洋教育提供了有力的保障。

### （五）打造特色活动，培育新时代海洋人才

#### 1. 海岛科考——发挥区域优势，海洋特色研学

从 2014 年开始，学校就启动了"小学生 大研究——同安海岛科考行"的登岛考察活动。青岛有海岛 69 个，其中只有 10 个海岛有固定居民，且大部分海岛的面积较小。学校与自然资源部第一海洋研究所的专家、博士们一起制定了活动路线和研究内容，在海洋学科博

学生带着小课题来到红岛进行研究

海岛科考学生汇报会

士的指导和带领下，目前已考察了田横岛、竹岔岛、灵山岛、小麦岛、小青岛、驴岛、红岛 7 个岛屿，围绕海岛的传统文化、岛屿地形、环境保护等方面开展"海岛上的小精灵""海岛生活全接触""海岛植物大搜索""海岛岸滩大发现""海岛环保我先行"的小课题研究。每次登岛考察结束，学校都会组织学生开展课题成果汇报会，第一批登岛同学的研究成果汇报，给后续登岛科考的同学提供了宝贵的经验，同时也进一步细化了研究课题，使考察越来越科学、规范。学生们撰写的小课题研究报告获国家级和省、市级各种奖项。

### 2."海洋博士"班——聚集海洋教育"高、精、尖"资源

"海洋博士"班由海洋学科博士亲自带队，对学生的海洋知识学习、观察及动手实践进行专业指导，是学校海洋教育的一张闪亮的名片。

每个学期，"海洋博士"班都会迎来一系列的海洋教育活动。学校定期聘请海洋学科博士走进班级为学生授课，还有专项经费支持学生外出开展海洋实践探究活动。王博士带领学生们走进自然资源部第一海洋研究所生态中心实验室，进行海洋真菌形态的显微镜观察及计数。在这堂内容和难度不亚于本科生学习水平的海洋实验课上，小学生能当堂完成观察、绘制和计数这一系列环节，王博士十分满意。腾

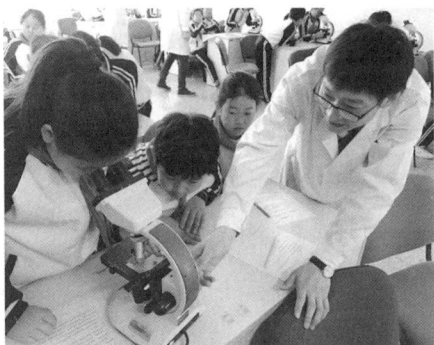

在王博士的指导下，同学们正在观察海洋真菌

海洋学科博士正在给学生讲解无人船的构造

海洋讲座：小贝壳，大世界

讯山东传媒也对这一活动进行了全程直播，开创了全国小学生海洋实验课堂直播的先河。在海洋博士的带领下，学生们还先后走进中国科学院海洋生物标本馆，见识了从沿岸、潮间带到数千米深的深海海底的千余种标本；进行无人船的试航，完成湖泊水体的水深、水温、pH、电导率等多种数据的采集。

专家的专业引领不仅帮助学生养成了热爱科学的习惯，提升了对科学知识的兴趣，还开阔了学生的眼界，拓宽了学校海洋教育的深度和广度。海洋活动的开展带给学生的是全新的海洋知识体系，为学生提供了丰富的"高端"海洋知识的学习资源，同时也推动了学校特色办学的高质量发展。

## 三、经验与启示

学校历经20余年的实践与探索，在推进蓝色"中国梦"的进程中，学生的科学素养显著提升，培养了学生的自然探究意识、问题意识和综合素养能力。

### 1. 发展学校办学特色

学校获得了全国海洋意识教育基地、全国优秀海洋科普教育基地、全国科普日特色活动优秀单位、五星级校园、全国科普日优秀活动等荣誉称号。学校的海洋实践活动成果分别在许多海洋教育论坛上得到交流和推广；承办了2013年全国少年儿童海洋教育论坛暨青岛市第二届中小学海洋教育论坛、青岛市小学综合实践活动思维训练研讨会和青岛市海洋教育发展论坛现场会，并进行了典型经验交流。学校相关工作被《中国教育报》等全国、省、市各大报刊和网络媒体报道。

### 2. 搭建学生成长平台

包容、创新、百折不挠的海洋精神和科学素养综合实践能力为学生的成长提供了无限的可能。学校学生多人次在省、市、区的各类科技创新大赛上获一、二、三等奖。学生的海洋主题小论文连续多年获得青岛市一等奖，学生多次在全国、省、市现场会进行各类海洋实践活动展示。在青岛市学生科学素养监测中，我校学生的物理科学维度、地球与宇宙生命科学维度成绩均高于全市平均水平，而且科学学业总分均高于全市其他学校，学生的问题意识、自然探究意识、科普能力、科学素养综合实践能力正在得到提升。

### 3. 加快教师成长进程

2013年5月，汇集了全校师生智慧的研究成果《为了蓝色的梦》由青岛出版社正式出版，40余人次执教的海洋实践课在全国、省、市各级评比中摘金夺银；30余位教师撰写的论文获国家、省、市级奖项；20余篇文章在各级各类杂志上发表。学校组织教师参与"十一五、十二五、十三五、十四五"教育课题的研究，教科研成果获市一等奖、省二等奖。

## 四、学生反馈

学生们说："学校海洋特色教育活动的开展，点燃了我们对海洋的梦想，让我们对探索海洋奥秘乐此不疲，对海洋的情感日益加深，培养了我们积极探索知识的兴趣和严谨的科学精神。即使将来毕业，离开母校，但我们探寻的热情始终如一，因为这里是我们的海洋梦开始的地方，我们将追着这个梦想去远航。"

（山东省青岛同安路小学 潘静）

# 撷海之源，扬帆远航

——山东省威海市孙家疃小学"海边的孩子爱大海"
特色主题活动

## 一、案例概况

习近平总书记在党的十九大报告中指出，要坚持陆海统筹，加快建设海洋强国。随后，山东省、威海市先后出台了一系列文件，着力打造创新性国际海洋强市。山东省威海市孙家疃小学距离海边不足500米，学生大多海边生、海边长，部分家长以打鱼为生。海的陪伴早早为学生们的生命底色抹上了一层浅浅的蓝。作为沿海学校，学校有责任培养"亲海、爱海、护海"的一代新人。这是一种使命，也是学校深入推进特色发展、全面推进素质教育的新引擎。山东省威海市孙家疃小学作为全国海洋意识教育基地，已把海洋精神的内涵融入学校的理念体系建设，学校加强海洋意识教育，让爱国主义精神在学生心中牢牢扎根，全面落实立德树人的根本任务。

## 二、具体实施

### （一）硬件设施

学校有现代多媒体设备和可容纳296人的多功能教室，能满足海洋教育活动及举办相关会议的要求。

教学楼各楼层的文化主题分别为"海趣""海风""海韵"和"我们的海洋"。

学校海洋教育专用教室有贝雕教室、船模制作教室、海洋标本科普教室、海洋油画教室、油画长廊、海洋剪纸等。

学校为低、中、高年级的学生分别设立了图书室，并挑选了不同层次的海洋读物，让学生拥有深厚的海洋积淀和更为宽阔的视野。

学校打造了以道路为框架、以景点为主题的海洋文化特色的花园式校园。

## （二）课程设计

学校的学生居住在大海边，学校以"海边的孩子爱大海"为切入点进行课程设计。

开题课上，学生们纷纷围绕这个主题与教师和同学交流自己想要研究的问题，最终师生共同整理，将问题集中于三个项目式主题，即"渔家文化探究""身边常见的海洋生物""船的研究"。同时，师生对这三个主题进行系列化研究，路径清晰，方法有序。

"海边的孩子爱大海"项目的目标定位如下。

（1）了解渔家风俗以及渔家禁忌，初步了解船的构造以及渔具的种类，并能根据自己的探究制作出船模。

（2）了解身边的海鲜种类及特点，学会一项生活劳动技能——做一道海鲜菜。

（3）能根据探究的主题，学会调查、收集、整理资料的方法。

（4）在劳动及研学活动中，学会与他人交流、合作，学会关心他人，与他人分享劳动成果。通过社区服务，关心环保事业，热心公益活动。

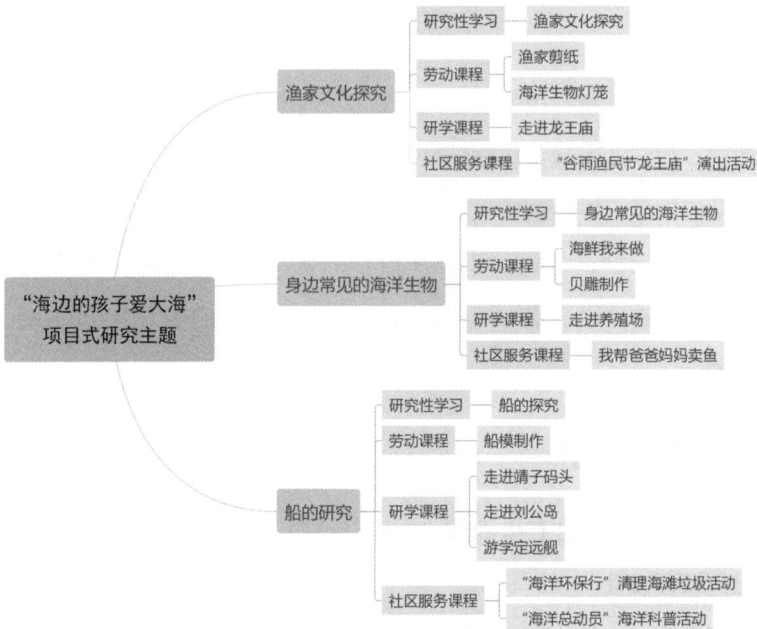

项目式研究主题思维导图

## （三）实践活动

下面主要以"船的研究"项目式研究主题为例，呈现实践活动的丰富内容。

"船的研究"主要有以下几个方面内容。

### 1. 研究性学习——"船的研究"

综合实践教师汇总学生提出的主题，制订有关方案，针对船的构造、种类进行探究。教师还设计了一节以"船的载重"为主题的探究课，让学生通过实践以及小组合作，探究船的载重和哪些因素有关。

### 2. 劳动课程——"船模制作"

听老船长讲关于船的知识

"船的故事"橱窗展览

学生在研究性学习"船的研究"的基础上，了解了渔船的构造特点，正是因为有了前期开题课的引导，在后续动手制作船模的过程中，学生可以自备材料精心设计、测量、制作，还对船舶模型进行装饰，将对大海的热爱和对现代化船舰的构想融入制作中，展示了学生丰富的想象力和创造才能。

3. 研学课程——"走进靖子码头""走进刘公岛""游学定远舰"

为了更好地研究船，师生首先走进靖子码头，开展对渔船的探究；然后走进刘公岛，探究甲午海战的相关内容，观察定远舰和致远舰等

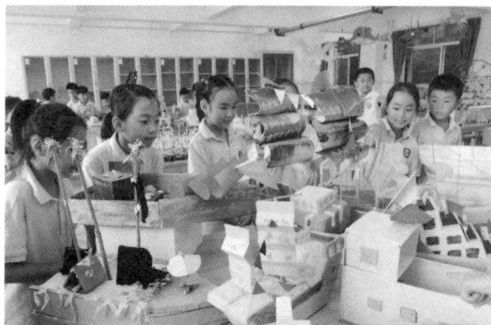

同学们参观船模展评选"我最喜欢的船"

船模制作专用教室

船的模型；最后"游学定远舰"，探究定远舰的内部构造。"游学定远舰"这一研学课程中，从研学前的开题指导课，再到实地研学及汇报课，学生不仅了解到甲午海战和"定远舰"的历史，而且更加热爱威海这个城市。在首届定远舰小解说员的选拔中，山东省威海市孙家疃小学77名学生参加了初赛。最终，10名选手脱颖而出，获得参加决赛资格。学生们志愿解说甲午历史，铭记甲午国殇，增强了海权意识。

走上定远舰并聆听讲解

"走进刘公岛"研学掠影

### 4. 社区服务——"海洋环保行"清理海滩垃圾活动

山东省威海市孙家疃小学致力于做细、做精环保品牌，成立了由教师、家长、学生、社区志愿者组成的志愿服务队，常态化开展活动。

同学们进行垃圾分类并称重

"海滩净滩日"志愿活动

周末及节假日，世界环境日、世界海洋日、净滩日等，都能在海滩上看到师生志愿服务的身影。学生了解了海水污染常见的种类，主动做"环保小卫士"，捡拾海边的生活垃圾。我们以力所能及的海洋环保活动，助推"精致城市·幸福威海"建设。

结合"一个大主题，三个小主题"的横向研究方向，师生围绕着课题研究，扎实有效地开展活动，活动流程等日渐规范。学生在查阅资料、小组合作探究、动手制作、实地研学、成果展示等活动中充分感受到探究学习课程的魅力，提高了实践与创新能力。

评价时，学校通过听课、调查访问、学生参与实践等形式，对相关教师进行考核：一看学生学习兴趣，二看学生学习的效果，三看教师上交的材料。

学校注重学生个性和特长的发展，关注学生对综合实践课程的学习过程，强调评价主体的多元化。在学习过程中，教师针对学生的表现随时给予评价，并注重小组评价、家长评价。任课老师会以班级为单位，对学生的活动主题以及实践劳动成果进行评价。此外，学校进一步优化评价体系，在全过程评价的基础上，设计了文明礼仪、纪律意识、专注研学等量表，不仅关注学生的行为习惯，而且关注学生对知识的理解情况和高阶能力的培养，全面、立体地进行评价。

## 三、经验与启示

如今，山东省威海市孙家疃小学以"海"引领的综合实践课程已成为深化海洋特色建设的重要载体，赢得了社会各界的一致赞誉，也积累了一定的经验。

梳理学校海洋特色课程体系，重视过程性材料整理。在规划海洋特色项目时，要加强专业教师的配备、专业培训及特色项目普及力度，经常开展基地之间的海洋特色专业学习、研讨和展演等活动。

进一步加强将教学中的问题转化为课题的意识，加强海洋特色课题研究过程的规范性、科学性和实效性，强化对研究成果的提炼、总结和推广。

在巩固已有经验做法的基础上，进一步挖掘海洋教育的特色内涵，增强与特色建设相适应的教师专业能力与文化素养，提升教师海洋特色研学课程的教学水平。

围绕海洋特色创建理念，将师生阅读、劳动与研学旅行有机融合，依据年级和研学基地，确立丰富多彩的研学主题，从不同层面提升师生的海洋意识。

活动中，学校充分尊重学生发展的需要，根据学校特色和课程的年级性特点，充分利用滨海资源优势，如地域资源、家长资源、社区资源，将信息技术、创客、研究性学习、劳动课程和研学活动有效整合，进行项目式学习。学生在活动中提高了自主探究、发现问题、解决问题的能力，增强了动手能力，提升了学生的劳动素养。教师分工细化、明确活动内容，使课程更具有整合性，构建起全面育人、全程育人的良好格局。

　　梦已开始，心已起航。山东省威海市孙家疃小学会认真探索海洋特色活动的内涵与外延，不断整合校内外资源，让学生的知识像大海一样广博，实践与创新能力像大海一样奔涌，圆每一个学生的海洋梦。

（山东省威海市孙家疃小学　姜言言　蔡飞）

中学 篇

# 开展海洋特色教育，培育学生创新素养

——山东省青岛第三十九中学海洋教育创新

## 一、案例概况

山东省青岛第三十九中学作为中国海洋大学附属中学，充分整合当地海洋教育优势资源，开发独具特色的海洋教育课程体系，积极探索中学海洋特色教育的开发和实施，培育学生创新素养。经过十几年的深入实践，学校的海洋教育已享誉全国。2011 年，山东省青岛第三十九中被国家海洋局授予首个"海洋意识宣传教育基地"称号，是教育局首批蓝色海洋教育特色实验先行先试学校，成为海洋意识宣传的先进典型；其海洋教育成果荣获 2018 年山东省教学成果特等奖、国家教学成果二等奖。

## 二、具体实施

### （一）创新制度建设，明确海洋特色教育基本思路

山东省青岛第三十九中学创新制订了《青岛三十九中（海大附中）海洋教育创新人才培养工程实施方案》及与之相配套的《课程方案》《三年发展规划》《海洋科学研究创新人才培养班招生方案》《青岛三十九中（海大附中）海洋实践活动实施方案》等 20 余项培养保

障制度，形成具有海洋特色的培养学生科学素养的基本思路。

## （二）以海洋特色课程体系建设为核心，走内涵式发展道路

学校立足培育学生的创新素养，建设并形成海洋特色课程体系，即"基础型课程＋拓展型课程＋实践型课程"三位一体的海洋课程。

基础型课程即国家课程；拓展型课程的目标在于激发学生兴趣、开阔眼界，了解大学相关课程，为课题研究做准备，课程形式主要包括专家讲座、"海洋课程超市"；实践型课程的目标在于培养学生实践能力和创新精神，课程形式是实践考察和课题研究。

近年来，学校海洋课程体系建设得到进一步发展，"潜水课程""有孔虫课程""帆船课程"等海洋课程进一步丰富了海洋课程的内涵。"每周一节海洋学校课程，每月一次海洋实践考察，每学期一项海洋课题研究，每年一次海上科考和海外海洋游学活动"的"四个一工程"使课程得以切实落实。

## （三）加强师资建设，组建海洋特色教育教师团队

第一，山东省青岛第三十九中学有来自中国海洋大学、中国科学院海洋研究所、中国水产科学研究院黄海水产研究所、中国地质调查局青岛海洋地质研究所等驻青高校和研究机构的 240 位海洋专家学者组成的海洋特色教育师资团队。

第二，招聘海洋专业博士担任海洋课程教师。

第三，成立"博士工作站"。每年有近 40 位博士生指导学生进行课题研究。

第四，组建本校海洋教育教师团队，多渠道培训，开设海洋校本课程。

240 位海洋专家学者成为学校海洋课程特聘教师

## （四）整合优势资源，加强基地及配套设施建设

第一，与涉海大学、科研院所以及企业签订联合育人协议。目前，20 多家涉海单位成为学校校外海洋特色教育实践活动基地。

第二，建设 9 个专业海洋实验室，为学生课题研究提供保障。

第三，在学校新建校区建设郑守仪院士工作室、海洋生物科教馆、南极连线教室、海洋调查实验室。

第四，建立完善的海洋教育资料室和海洋世界展厅等。

## （五）搭建交流平台，促进海洋意识和科学素养提升

一是学校为全国中小学生建立海洋探究的交流展示平台。2012年，中国海洋报社海洋教育编辑部落户学校。二是学校引领建立青岛市市南区中小学海洋教育联盟，促进青岛市海洋特色教育活动的全面发展。三是学校作为青岛海洋科普联盟的发起单位，一方面更多地发挥青岛市涉海企事业单位海洋教育资源的作用，一方面输出教育教学

学校海洋生物科教馆

经验，带动全市范围内中小学海洋教育的发展。

### （六）建立监控评估机制，提升海洋特色教育水平

学校专门成立海洋教育研究室，负责学校海洋特色实践活动的顶层设计，对学生学习经历、实验实践活动、课题研究、创新设计等进行全方位、全过程的指导。学校制定了《青岛39中（海大附中）学生海洋教育实践课程学分认定管理办法》，以学分制加强对学生的评价引导。原国家海洋局宣教中心和中国科学院海洋研究所为海洋课题研究专设"海洋科研未来之星"海洋教育奖学金和课题立项资金。学校聘请涉海院所海洋专家作为评审委员，通过学生的开题汇报、课题报告评估和结题汇报，每年评选出40～70个优秀课题；鼓励把优秀课题转化为学术论文发表，并进行常态化的优秀成果展示。

### （七）开展海洋实践活动和课题研究，培育学生创新素养

海洋实践活动是学校海洋教育实践型课程的重要组成部分，学校每年都会组织学生开展丰富多样的海洋实践活动。在相关单位的支持下，学校组织开展了中学生海上科考活动、美国海洋主题游学；组织

学生登上"蛟龙"号深潜器母船"向阳红 9"号，举行海洋实践活动；邀请加拿大北极科考首席科学家 Barber 夫妇到学校进行交流回访，开设讲座；参加《蛟龙入海》电视访谈节目，与深潜勇士面对面、与航天英雄杨利伟电话连线；参观黄海水产研究所水产养殖基地；参观中国海洋大学院士实验室并模拟海浪实验；举办"有孔虫海洋文化创客节"；参加"北太平洋科学组织 2015 青岛年会"等。

进行课题研究是学校学生学习的常态。人人有课题，人人出成果。在学校博士工作站博士生的指导下，学生通过课题研究或项目设计的形式，开展动手实验，在海洋生物、海洋化学、海洋物理、海洋工程等领域开展了大量深入的科学实验探究。例如，刘熠航小组利用海藻酸钠微球无毒、易漂浮且在胃部易停留的特点，针对治疗慢性胃病研制出使胃药吸收更高效的制作工艺；张宸韬小组鉴于校园中曲面鱼缸缸壁难清洁的问题，设计并制作出曲面鱼缸磁力缸刷；王钰骏小组及李妍南小组利用 DNA 分子生物学手段为各种动物进行亲缘关系鉴定；王嘉琪小组利用已学的化学知识对现有海水电池进行优化，使其

海上科考活动中，学生采集海水水样

2021 年，学生在山东省蓝色海洋教育现场交流活动中展示海洋课题成果

更加节能环保等。这种体验式的实践型学习方式，激发了学生的学习兴趣，让他们学会像科学家一样思考和研究问题，是深化青少年海洋意识教育工作的具体体现，让学生在实践中体验、在学习中研究，培养青少年的实践能力和科学精神，提升青少年的创新素养。学生的多个课题在国家、省、市级现场会上进行展示，受到与会领导和专家的好评。

## 三、经验与启示

### 1. 打造指向创新素养培育的海洋教育培养体系

学校以"创新素养培育"为目标，整合优势教育资源，构建了海洋教育项目式"一体两翼"培养体系。"一体"是以育人为主体，指向创新素养培育。"两翼"是以学校特色教育为一翼，和国家课程融合，注重课程的实践性、综合性，构建海洋特色课程体系，满足学生全面发展和个性化的发展要求；构建与课程体系配套的师资、基地、交流和评价等课程实施保障体系为另一翼，以保证课程的顺利实施和目标的有效达成。

### 2. 形成一套多样化的学习方式

学校以海洋特色教育为载体，与国家学科课程融合，形成了专题化、问题化、课题化的多元学习方式，提升学生的创新素养。

问题化学习通过"驱动性问题"激发学生的兴趣，驱使学生积极思考，参与学习过程，在积极寻求答案的过程中逐渐学会理解知识和建构知识，提升学生综合素养。

专题化学习通过课堂学习内容的专题化和校外实践活动的专题化，有目的、有计划地开展学习活动。

课题化学习以学生小组为单位，强调专业指导老师的指导，以实验课题研究为载体，注重在实践过程中提升学生实验基本技能、构建科学研究思维方法。

### 3. 科学方法与专业指导相结合，推动联合育人

将科学研究方法与专业指导相结合，是学生有效开展活动项目的核心保障。活动项目实施"双导师制"。一方面，本校教师担任课程指导教师，注重科学方法、科学思维的指导。在现有条件下，注重学生活动设计的科学性、严谨性、可行性、创新性等，培养学生数据收集、深度思维、报告撰写、交流合作等能力和素养；另一方面，加强家校合作、校企合作，聘请校外涉海高校、研究机构以及企业专家组建专业指导教师团队，开展专业知识和专业技能的指导，提升学生实践动手能力。

## 四、学生反馈

赵岭同学："我们进行了三次实验，失败一次，成功两次，完成

了第二阶段的任务。这也算是天道酬勤，我们的付出得到了回报，最终得出了镉离子对褶皱臂尾轮虫的半致死浓度极值及其一个刺激值。我们事先想到了会成功，但没想到成功带给我们喜悦是那么令人陶醉！"

刘喆昊同学："海洋课题研究给我带来的另一个收获是培养了我的兴趣。我在探寻过程中经历的各种各样的事不能不让我对海洋动力学充满了憧憬。大到世界洋流，小到一涌波浪，都离不开海洋动力。它那么深奥，那么神奇，充满了乐趣！我多么希望以后能在这方面有更多的研究和学习。"

董玉祺同学："在老师的教导下，我们规范了实验器材的使用方法，了解了一些与课本相关的知识，加强了动手能力，同时也丰富了课余生活。它让我们走出了网络，走进了科学的殿堂。虽然在实验初期，我们总是会出现一些失误和误差，但也让我们深刻地认识到了细致的重要性，让我们深深感受到了实验的不易，并产生了浓厚的兴趣。我惊叹于博士们娴熟的技术、理性的思维，他们闲暇之余其乐融融的气氛也让我们更加渴望大学的生活。实验虽然结束了，但它是我未来的起点。我愈发看清了前进的道路。"

（山东省青岛第三十九中学　尹逊朋）

# 生态旅游岛的海洋科普之声

——福建省东山第二中学海洋教育

## 一、案例概况

东山岛位于福建省南部沿海，是福建省第二大岛，因其长达 162 千米、呈蝶翅状的海岸线而被称作"蝶岛"。自 1980 年开始，福建省东山第二中学师生凭借东山岛的独特地理条件，利用课余时间，有计划地调查、采集、分类和制作海洋生物标本，共收集了 1200 多种海洋生物标本，建立了海洋生物标本馆，总面积为 520 平方米，分为 8 个展厅。

依托海洋生物标本馆，福建省东山第二中学开设海洋校本课程并开发海洋研学课程；以地球日、海洋日、全国科普日等为契机，开展丰富多彩的海洋科普实践活动；与高校共建，为学生提供了一个崭新的认识和保护海洋的平台。海洋保护社团——蓝源社团联合多家相关单位，在校园、海湾公园等场所开展"保护海洋环境，呵护海洋生态"主题宣传活动。

## 二、具体实施

### （一）建立海洋生物标本馆

海洋生物标本馆共收集了1200多种海洋生物标本，基本反映了台湾海峡生物资源的概况。海洋生物标本馆面积为520平方米，按照物种资源分类规划，共8个展区，包括海龟厅、鲸豚厅、鱼类厅等。海洋生物标本馆以实物展出，结合海洋知识文字说明，吸引了四面八方的游客，成为青少年海洋科普教育基地和学校的特色名片。

海洋生物标本馆——海龟展区

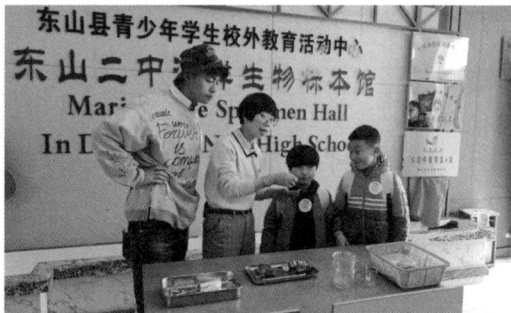

湖南金鹰卡通卫视《童趣大冒险》拍摄

### （二）校本课程"海洋意识教育"的开发

#### 1. 课程理念

福建省东山第二中学全面贯彻党的教育方针，坚持立德树人的根本任务，整合海洋文化与学校课程，优化基础性课程，开发拓展型课程与研究型课程，突出课程的人文性、实践性与创新性，提升青少年的海洋科学素养和海洋保护意识。

#### 2. 课程内容

第一讲　开展海洋意识教育，突出校园海洋文化特色

校本教材《蓝色宝藏》

第二讲　海洋生物的宝库，人才培养的摇篮——东山二中海洋生物标本馆介绍

第三讲　触碰章鱼的秘密

第四讲　鱼类介绍

第五讲　海洋三大珍稀物种保护

第六讲　软体动物

第七讲　海洋生物多样性保护　——以东山珊瑚省级自然保护区为例

第八讲　回顾海洋发展史，建设海洋强国

第九讲　海洋地理

第十讲　海洋灾害与安全防护

第十一讲　海洋贝壳工艺品制作

第十二讲　海洋鱼类浸制标本制作

第十三讲　海洋生态保护法治课

第十四讲　学生研究性学习及范例

### 3. 课程教学方式

课堂上，教师讲授与学生讨论相结合。

海洋鱼类标本制作

贝壳工艺品

在海洋生物标本馆中，学生需要识别至少 10 种鱼。

学习和掌握海洋鱼类标本的制作方法，培养学生动手实践能力。

收集生活中废弃的贝壳，制作具有家乡特色的海洋贝壳工艺品。

开展海边采集、研究性学习调查、海洋摄影采风、海洋公益课程学习等海洋实践活动。

### 4. 课程教学规划

第一，完善课程管理机制，加强校本课程的开发、编写。

第二，积极组织学生定期参加全国、省（区、市）"青少年科技创新大赛""我是海洋科学演说家"等各级海洋类竞赛，为高校输送初步具备海洋方面专业知识和专业技能的人才等。

第三，结合学生综合素质评价，落实海洋特色教育学分评价与管理，开展海洋特色文化校园活动。

## （三）海洋教育活动多样化

### 1. 注重理论与实践相结合

以每年的世界海洋日、全国科普日等节日为契机，组织学生参加"走出课堂，走进海洋"实践活动，如汕头大学"走向海洋"公益课程、厦门大学东山太古海洋观测与实验站海洋生物野外调研活动；开展高研究性学习、青少年科技创新大赛等海洋类课题研究活动。

### 2. 坚持提升活动层次与创新形式相结合

与福建省东山县海洋与渔业局、东山县人民检察院、东山县人民法院和海洋保育志愿者协会等多家单位携手合作，开展宣传活动，让热爱海洋、保护海洋、科学利用海洋的理念不断转化为全社会的自觉行动。

东山二中海洋意识教育团队

海洋生物野外调研活动

### 3. 继承与发展相结合

从高校、科研机构获取技术支持，采集补充、修缮维护、鉴定更新近 1200 种标本，做好海洋生物标本馆的标本维护与更新工作。

## （四）海洋意识教育结硕果

### 1. 荣誉称号

学校先后被评为福建省青少年科技教育重点示范点、福建省青少年科技教育基地、中国南部沿海生物多样性保护项目基地、全国中小学环境教育社会实践基地、全国海洋意识教育基地、全国海洋科普教育基地、第一届海洋研学工作委员单位、全国海洋文化教育联盟成员单位等。

长期参与标本馆海洋意识教育、科普宣传和生物多样性保护工作的标本馆负责人许李易老师被评为 2014 年度"国家海洋人物"和 2016 年漳州市"最美环保人"。杨端敏老师 2019 年被推选为"生态环境教育优秀教师"，2021 年被漳州市志愿者协会认定为漳州市四星级志愿者。

**2. 获奖情况**

（1）科普活动

福建省东山第二中学 2019 年全国科普日系列活动，荣获 2019 年全国科普日优秀活动。

（2）研究性学习

《探究披上光鲜"外衣"的海鲜》等 15 篇课题论文获奖。

（3）青少年科技创新大赛

《虾蛄的神秘面纱——探究虾蛄的形态特征和生活习性》等 5 篇课题论文获奖。

（4）海洋主题活动

由中国科协、青岛海洋科学与技术试点国家实验室等举办的第二季"慧聚海洋——声动青春 我是海洋科学演说家"比赛中，福建省东山第二中学 11 名学生获奖，学校荣获"优秀组织学校"。

在由中国科协、自然资源部宣教中心等部门主办的 2020 年"海洋守护者"青少年海报设计大赛中，福建省东山第二中学有 6 幅作品获奖。

在 2021 年由自然资源部宣教中心、中国海洋大学等部门主办的全国大中学生第十届海洋文化创意设计大赛中，福建省东山第二中学有 6 幅作品获奖。

**3. 办学特色产生辐射影响**

海洋生物标本馆在研究海洋、开发海洋方面具有重要的价值和作用，多年来受到中央、省、市各级领导的重视，吸引了国内外许多专家、学者前来参观。央视 1 套综合频道、央视 10 套科教频道、湖南电视台金鹰卡通卫视等栏目摄制组相继来到福建省东山第二中学海洋生物标本馆进行采访、拍摄。

接受央视节目采访

学校的海洋特色教育逐步在区域内产生影响，并对周边中小学的海洋教育产生辐射作用，成为部分学校教学和科研的基地。

# 三、经验与启示

## （一）学生发展

### 1. 认识自我，明确自身发展的目标

福建省东山第二中学高一学生利用周末、寒暑假时间参与海洋类课程与课题的研究，掌握学科知识，在生活中体会学科学习的价值，提升了对海洋科研的兴趣。福建省东山第二中学近几年报考海洋类专业的学生人数逐年增加。

### 2. 自主自治，学生个性潜能得以发掘

在海洋特色课程引领下，2010 年，学校师生志愿者成立东山二中"蓝源"社团，定期举行海洋环保宣传活动。学生的特长、爱好、潜能得以发掘与发展，学生的合作能力、科学思维、实践能力、创新素养得以明显提升。

"蓝源"社团在景区开展海洋保护宣传活动

### （二）教师发展

点滴积淀，厚积薄发。经过近几年海洋特色课程的创建工作，学校教师队伍的专业素养得以明显提升。

一是教师直接参与特色高中建设，如课程开发、研究性学习指导、社团活动，在参与过程中提升了课程开发、课程实施能力，提高了对学生的个性化指导能力及跨学科教学与指导能力等。

二是围绕海洋特色的建设，教师重构并完善了自身专业结构，提升了综合专业素养。一开始，大多数教师是海洋教育的"门外汉"，但随着特色课程的推进、项目任务的承担、教育改革中问题的解决，教师们不断学习、实践、内化，拓展了自己的专业知识面，开阔了视野，专业化发展进程迅速。

## 四、学生反馈

福建省东山第二中学 2023 届林承卓同学说："我与海洋从小就有不解之缘，小学时就在海洋生物标本馆聆听科普知识讲解；中学时我加入'蓝源'社团，通过学习海洋校本课程及参加一系列海洋特色实践活动，对海洋有了进一步了解。2019 年，我参与厦门大学东山太古海洋观测与实验站海洋生物野外调研；2022 年，参与'蓝色少年先锋培养计划'。专家课上的新鲜知识、课题中的奇思妙想、实验室中的灵光一现、实践中的探索收获，激发了我的学习兴趣，让我感受到科研的魅力。"

（福建省东山第二中学　许李易　杨端敏）

# 知海爱海，演绎精彩

## ——厦门大学附属科技中学海洋教育

## 一、案例概况：涛声伴书声，孕育爱海情

厦门大学附属科技中学创办于 1994 年，现有 130 个教学班，师生逾 5000 人，是厦门市教育局直属中学。"知海爱海，演绎精彩"是厦门大学附属科技中学开展海洋意识宣传与教育的主题口号。

厦门大学附属科技中学坐落在厦门岛西南角，与大海仅一路之隔，阵阵的涛声和琅琅的书声编织着美妙的旋律。创校以来，各任校领导都对海洋情有独钟，寻求各种途径让学生接触大海、探索大海。让在校的每位学生都有海洋科学知识的学习、调研、探究的经历和体验，比其他中学的学生多掌握一些海洋科学知识的办学目标，被明确地写在《厦门大学附属科技中学办学章程》中。

学校以海洋科学知识传授为载体，努力培养学生的生态意识，激发学生"从爱科学到爱创新"的求知欲望，培养学生"从爱家乡到爱祖国"的民族情怀。同时，学校以海洋场馆建设、学校课程开发和"一课、二动、三结合"模式的探索研究为突破口，明晰普通中学开展海洋意识宣传与教育的路径、形式和内容，渐次解决学校在海洋意识宣传与教育中遇到的学校课程开发、课程资源利用、师资队伍培养等现实问题。

## 二、具体实施

### 1. 海洋场馆建设

厦门大学附属科技中学积极开发海洋教育课程资源，努力打造浓厚的校园海洋教育氛围，让"校在海上"的自然美景和"海在园中"的人文景观巧妙融合。学校陆续建设了海洋珍稀物种馆、海洋景观体验馆、海洋主题公园、红树林陆地栽培与驯化试验区等海洋教育硬件设施。

（1）海洋珍稀物种馆

海洋珍稀物种馆创建于 2010 年，场地面积 260 平方米，分为海洋贝类、海洋鸟类、海洋哺乳动物三部分，集中展示了中华白海豚、中华鲟、砗磲、鹦鹉螺等 80 多种国家二级以上海洋保护动物标本160 多件（套），是福建省内海洋保护动物标本较为齐全的场馆之一。

海洋珍稀物种馆一角

（2）海洋景观体验馆

海洋景观体验馆由大、中、小 100 个水景箱组成，场地面积约 300 平方米。体验者在动脑、动手搭建各式各样的水景的过程中，既可以学习海洋地质、海洋地理（如海底、海岸、岛礁等地形地貌）等相关知识，又可以提升审美能力。海洋景观体验馆是深受青少年欢迎的海洋教育互动项目。

（3）海洋主题公园

海洋主题公园占地约 17 亩，由新航路开辟和郑和下西洋路线示意墙、深海探索、两极科考和厦门海洋科学家简介四个部分组成，让学生在课余也能潜移默化地培养海洋意识。

（4）红树林陆地栽培与驯化试验区

红树林陆地栽培与驯化试验区是厦门大学附属科技中学周钟法等三位教师的研究成果，已申请国家发明专利。试验区占地约 100 平方米，是学生开展水质检测、土壤分析和红树林生长观测的场所。

上述场馆在开馆以来，在满足学校海洋特色办学需求的同时，还接待了来自美国、英国、新西兰、尼日利亚、日本、韩国等国家和我国各地师生约 3 万人次。2013 年，原国家海洋局宣传教育中心授予厦门大学附属科技中学"全国海洋意识教育基地"称号；2017 年，教育部确认厦门大学附属科技中学海洋馆为第一批"全国中小学生研学实践教育基地"。

## 2. 中学海洋意识教育的"一课、二动、三结合模式"

中学海洋意识教育的"一课、二动、三结合模式"指的是，以一门海洋校本课程（必修课程）为抓手，以综合实践课程活动和课外活动为平台，与研究性学习、科技创新活动和国家课程教学相结合，提升学生核心素养的教育教学模式。

校本教材《认识海洋生物》

（1）"一课"

"一课"是指必修的海洋校本课程。从 2010 年秋起，厦门大学附属科技中学在初一和高一正式开设了海洋系列学校必修课程（1 节 / 周 / 学年），确保每位学生在中学阶段达到或接近 32 学时的海洋课程学习时间。通过海洋校本课程的设立，学校推动海洋特色校本课程的开发和海洋教育师资队伍的建设。

目前，厦门大学附属科技中学的海洋校本课程基本形成了初中"认识海洋"和高中"探索海洋"两个系列。"认识海洋"系列教材包括《认识海洋生物》《身边的海洋》《愤怒的海洋》《关爱海洋》等；"探索海洋"系列教材包括《大厦之门 鹭海潮声》《中国海岛》《中国近代海防梦》《维护海洋权益》等。其中，周钟法老师编著的《认识海洋生物》和主编的"厦门地方青少年海洋通识丛书"（中学版）《大厦之门 鹭海潮声》由海洋出版社出版发行。

2020 年，为应对新冠疫情，学校结合现代信息技术，采用 AR、VR、3D 等技术，开发了海洋教育线上课程，收到了极好的效果。

校本教材《大厦之门 鹭海潮声》　　海洋教育线上课程小程序二维码

（2）"二动"

"二动"是指把海洋意识教育融入综合实践活动和课外活动中。厦门大学附属科技中学充分利用厦门大学、自然资源部第三海洋研究所、中华白海豚国家级自然保护区等相关资源，结合海军节、野生动物保护日、世界海洋日、厦门国际海洋周以及"全国海洋人物评选""全国大中学生海洋知识竞赛"等重大活动，举办海洋艺术节、海洋科技月、海洋科技夏（冬）令营等活动；开展以海洋环境和海洋生态保护、海洋灾害防护、近代海防等为主线的形式多样的海洋研学实践教育活动，确保每位学生在每学年至少参与一次活动。

（3）"三结合"

"三结合"是把海洋意识教育和研究性学习、科技创新活动和国家课程教学相结合。

第一，与研究性学习相结合。从2015年起，厦门大学附属科技中学借助厦门大学研究生院志愿者的力量，研发了涉海方面的研究性学习课题目录，供学生参考和选择。这两年，厦门大学附属科技中学涉海的研究性学习课题数已接近课题总数的20%。

到社区开展海洋环保宣传

观摩直升机海上救助演示

第二，与科技创新活动相结合。学校海洋备课组与科技创新教研组配合，有意识地引导师生开展海洋类科技创新活动。以"春季曾厝安近岸海域海面颜色的调查""从厦门东南海岸的现状浅谈沙滩资源的可持续开发利用""近海养殖对沿岸生态的影响"等为代表的50多个项目在全国、省、市青少年科技创新大赛中获奖。

第三，与国家课程教学相结合。2015年，我校组织各学科教研组长组成课题研究小组，对各学科与海洋相关的内容进行全面的整理、对比和分析，积极探索海洋教育与国家课程教学的有机渗透。

海洋灾害救护演练

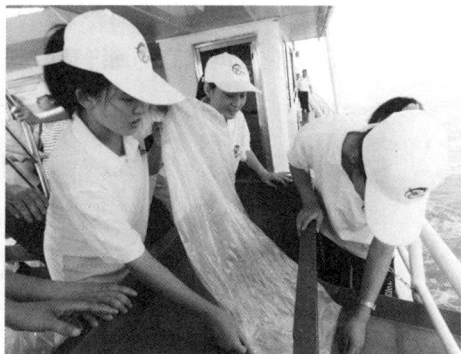

参与海上放流活动

## 三、经验与启示

海洋意识宣传与教育具有公益性、全民性、长期性、综合性、实践性。在实践中我们深刻体会到，开展海洋意识宣传与教育，可以在以下几方面发力。

### 1. 重视海洋教育师资队伍建设

由于海洋教育教学实践涉及的学科知识面很广，而师范教育中没有相关学科课程，海洋专业的毕业生又不愿意或无法到校任教，这对海洋教育师资队伍的稳定性和持续性有较大的影响。海洋教育相关的教师在职称评聘上也没有相关支持。只有促进各学科协作，解决海洋教育相关的教师的职称评聘问题，海洋教育师资队伍才能持续发展。

### 2. 构建多元化评价体系

构建多元化评价体系不仅需要师生积极参与和投入，而且需要涉海行政部门、民间环保组织的配合。首先是评价内容的多元化。这要求学生不能局限于对知识的掌握，还要掌握必要的技能，并将知识与技能化为素养，最终体现为个人的实际行动及良好的生活习惯。其次是评价方法的多元化，需要将主观评价和客观评价、定性评价与定量评价、绝对评价与相对评价、过程评价与结果评价等有效结合。

### 3. 强化面向家庭的海洋意识宣传与教育

厦门大学附属科技中学建立家庭教育、学校教育和社会教育"三位一体"的"海洋与生态文明教育"模式，引导家长潜移默化地把海洋意识宣传与教育融入家庭生活，身体力行地给孩子树立知海、爱海的榜样，在生活实践中培养孩子热爱海洋的情怀。

（厦门大学附属科技中学　周钟法　沈美香）

# 海洋能源开发利用之可燃冰开采探秘

——山东省青岛第二中学 STEAM 案例

## 一、案例概况

"海洋能源开发利用之可燃冰开采探秘"是以青岛二中"海洋探秘"特色选修课为依托，面向山东省青岛第二中学"海韵社"成员开发的跨学科融合的 STEAM（Science Technology Engineer Art Mathematics）课例。可燃冰是 21 世纪公认的替代能源和清洁能源，具有储量大、能量密度高、清洁无污染等优点，开发潜力巨大。但是，可燃冰埋藏位置、化学结构等方面的特点，使其在开发的过程中面临着经济、技术和生态平衡等许多难题，如何经济、生态、可持续地开发可燃冰，成为各国关注的焦点。青岛海洋地质研究所在可燃冰的开采研究方面具有全国领先水平，利用青岛海洋地质研究所人才、设备优势，为学生提供平台支持，让学生发挥自己的想象力，构想出更加安全有效的可燃冰开发模型是本 STEAM 课例设计的出发点。

## 二、具体实施

### （一）项目设计

#### 1. 学习主题

可燃冰开采探秘

| 科学 | 技术 | 工程 | 数学 | 艺术 |
|------|------|------|------|------|
| ·海洋地质<br>·地球物理<br>·海洋生物学<br>·地球化学 | ·深海勘探与开采<br>·运输 | ·地质勘测<br>·工程设计 | ·使用表中数据<br>·图形<br>·预测 | ·可燃冰开采示意图绘制<br>·有孔虫模型设计 |
| STEAM 专项活动　如何高效安全地开发可燃冰？ | | | | |
| 社区联系　青岛海洋地质研究所 海洋能源专家 | | | | |

#### 2. 学生年级

高一年级。

#### 3. 教学时长

4 课时（周四下午校本选修课）。

#### 4. 课时安排

理论课：校本选修课课时。

活动课：社团活动课时。

#### 5. 学习目标

通过设计可燃冰模型了解可燃冰的空间结构特征及结构中不同作用力的氢键和共价键，掌握有机物分子结构的特点及其对性质的影响，从结构上认识可燃冰的存在及开发困难。

通过图表分析、理解可燃冰的分布，能够对可燃冰潜在分布区进行预测，加强区域认知，提升综合思维；通过有孔虫模型的制作理解有孔虫对可燃冰的作用，理解微生物在天然水合物形成和储存中的作用，认识生物进化过程中与环境相互适应、协同进化的关系，锻炼科学思维。

通过小组合作、交流讨论、实验探究，设计高效安全的可燃冰开采模型并设计制作方案。在此过程中掌握科学探究的思路与方法，提高知识迁移能力、沟通交流能力，体验科学探究的喜悦，感受科学与生产、社会发展的密切联系，增强社会责任感和使命感。

### （二）教学过程

#### 1. 课时1：知识导入

（1）热点背景导入

2017年5月18日，国土资源部宣布，我国在南海北部神狐海域进行的可燃冰试采获得成功，这也标志着我国成为全球第一个在海域可燃冰试开采中获得连续稳定产气的国家。2017年11月15日，可燃冰被国土资源部列为我国第173种新矿种；2017年12月初，我国各地出现不同程度的"用气荒"。一面是振奋人心的清洁能源的发现及成功试采，一面是令人忧心忡忡的能源危机及环境压力，突破可燃冰开采的限制，经济、生态、持续地开发可燃冰，成为时代发展的需要。

（2）分享交流自学成果

同学们将各自查阅收集的资料整理打印，相互交流传阅，形成类似研究综述的初步成果。教师介绍搜集资料的方法，如文字资料（档案、报刊、文史资料、著作论文等）搜集、访谈、问卷调查、实地考察。随后，师生共同讨论每种方法的具体操作原则和注意事项。

（3）完成可燃冰自主学习任务单

（4）圆桌会议

以圆桌会议的形式，请每位同学谈谈对可燃冰的认识和开发方面的看法。教师予以点评指导。

### 2. 课时 2：确定需求

（1）明确问题

在考察学习前，学生根据掌握的部分资料，明确与专家交流、讨论的问题；认真聆听专家讲座，做好笔记，并针对报告提出相应问题与专家交流；进一步明确课题主要任务，明确当前可燃冰开发的方式以及有待完善的地方，为后期课题研究做好铺垫。

（2）专家讲座

学生认真听取青岛海洋地质研究所专家讲座内容，观察可燃冰模型，并与专家进行现场交流。

走进青岛海洋地质研究所　　　聆听青岛海洋地质研究所专家报告　　　到青岛海洋地质研究所实验室参观学习

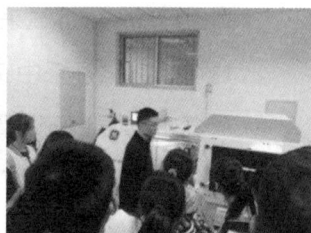

（3）分组参观

学生在教师组织下，先统一参观青岛海洋地质研究所天然气水合物国家一级实验室和海洋地质实验室，之后以小组为单位自由参观，用文字或图片记录参观考察的结果与感受。参观结束后，初步确定可燃冰开采的设计方案，根据课题研究侧重点确定三大研究小组。

### 3. 课时 3：方案设计展示及优化

（1）分组

三大研究小组围绕各自擅长的学科，分别形成了以邓一迪为组长

小组1的可燃冰结构模型　　小组2在生物组课堂展示有孔虫模型　　　　　　　小组3的课堂展示

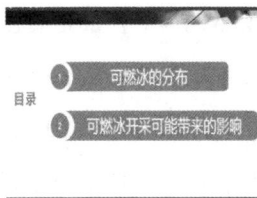

的"可燃冰的化学构造"组（小组1）、以李安为组长的"可燃冰形成于储存的生物因素"组（小组2）和以杨昊为组长的"可燃冰储存的地理因素"组（小组3）。三个小组依次派一名或多名代表介绍本组的研究重点及发现。

（2）优化完善

各自展示后，小组间互相提出疑问和改进意见，完善和优化各小组研讨主题。

（3）头脑风暴，专家点评

在共同研讨、相互激发的基础上，小组进行"头脑风暴"，利用平板电脑绘制可燃冰开发模型并现场展示，说明设计理念及解决的主要问题。课堂上，请青岛海洋地质研究所可燃冰开发专家予以点评指导。

互联网+Pad课堂研讨　　　　　　　　　课堂绘制模型Pad提交展示

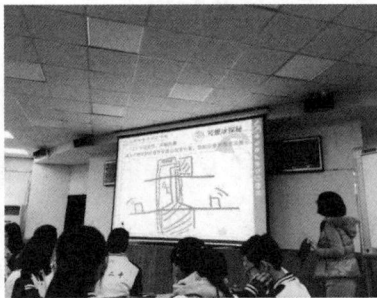

### 4. 课时 4：产品路演总结

在本项目的最后一个课时，班级里召开一次路演汇报总结。

产品路演分为三个环节：第一个环节，三个小组分别就可燃冰开采模型，以实物或 PPT 的形式进行课前展演；第二个环节，每个小组就参与的课题进行 3 分钟陈述；第三个环节，担当评委的专家对学生标志性成果进行提问和评分，最后统计学生们获得的分数，为其颁发相应的勋章和奖品，宣告项目完结。

我们邀请了中国海洋大学的专家进行指导。虽然课题结束了，但学生们对课题依然保持浓厚的研究兴趣，路演结束后纷纷围着专家进行更深层面的交流。

专家现场指导点评

被热切提问的学生包围的专家

## 三、经验与启示

本课例以可燃冰开采为切入点，融合了地理、化学、生物等多学科的知识，从课程主题的选择到课程内容的设计都体现了 STEAM 特色。

本课例从知识导入到确定需求、设计方案、优化方案和确定展示方案，环节完整，教学目标明确，课时分配合理。从文献查阅到数据整理，从交流汇报到理论应用，从基础知识运用到模型设计等，由浅入深、层层递进，紧紧围绕本课例主题既解决了学生的困惑，学习了可燃冰的生物成因、地质条件及化学结构，又对可燃冰的开采进行了可行性探讨。学生在本过程中增强了自主学习能力、团队协作能力和问题解决能力等，提升了核心素养。特别是项目最后，各学习小组设计的可燃冰开发模型得到了专家的认可。学生体会到了学以致用的成就感和满足感，进一步激发了自己的创作热情。教育在于播种，在于启迪。播种海洋梦想，启迪海洋智慧，未来海洋可期。

跨学科合作教研促成教师专业成长。本课例采用项目管理方式推进。山东省青岛第二中学的海韵社是由地理学科组教师指导的海洋学术社团。可燃冰项目的具体落实由地理老师牵头，化学、生物两位老师参与指导。期间，三大教研组的教师开展了集体教研与数次小型研讨，还有来自青岛海洋地质研究所的专家的指导。三大教研组的教师打破学科藩篱，各取所长，围绕主题有效融合学科知识。虽然备课、教研过程烦琐而艰辛，但他们更多的是体会到了教学相长的快乐。

"互联网+"为项目学习提供了平台。回顾项目学习的整个过程，"互联网+"发挥了穿针引线的纽带作用。一是利用"互联网+"平台成立了海洋探秘虚拟班级，成立学习团队，建立学习讨论区，解决不同班级成员分散学习的难题；二是发挥平板电脑的优势，利用其实时互动功能，实现了教师与学生课堂、课下的全方位交流与课题跟进，使课前项目推动、课堂问题研究及课后实践等更加精准有效。

总之，本课例在以下四个方面进行了初步的尝试与探索。第一，本课例是"海洋探秘"特色课依托下的项目式学习，体现了校本选修课支持下项目式学习的有效性；第二，本课例有高校、科研院所支持，有固定教师指导（来自地理、化学和生物三个学科），有固定团队成员参与，有固定课时保障，形成了新的课程学习模式；第三，本案例也体现了课程支持下的社团管理与运作模式，在项目式学习的推动下，以特色课为依托，成立了我校首个海洋科技社团——海韵社；第四，本案例充分体现了"互联网＋"对项目式学习的推进作用。

## 四、学生反馈

一位参与本次项目式学习的同学说："这次当真是开阔了眼界。项目前后进行了近一个月，期间也遇到了很多困难，尤其是模型的制作，无论从材料到设计都遇到了很多挑战，但最终在老师的指导和团队的支持下成功突破，取得了预期的效果。在参与过程中，能够直接聆听全国顶尖可燃冰研究专家的讲座，还能走进海洋地质研究所国家级可燃冰研究实验室，既了解了科研前沿学术信息，又有幸亲自参与实验。第一次如此接近科研工作，真是刻骨铭心、永生难忘。虽然我们提出的理论模型有很多方面尚待完善，但听到专家对我们创意的肯定，让我们体会到了前所未有的成就感和满足感，激发了我们今后进一步探索海洋的渴望。"

（山东省青岛第二中学　段金叶　滕雪萍　乔艳红）

# 研学旅行创新海洋教育之路

——山东省青岛西海岸新区实验初级中学海洋教育

## 一、案例概况

青岛西海岸新区实验初级中学建于 2011 年，坐落在风光秀丽的珠山脚下、黄海岸边；现有教学班 74 个，在校学生 3516 人；教职工 252 人，其中研究生学历 76 人，正高级职称教师 3 人，山东省特级教师 3 人，全国优秀教师、山东省优秀教师、山东省教学能手、青岛市名师 46 人。

青岛西海岸新区实验初级中学创新教育理念，创造性落实立德树人的根本任务，以"教育让生命臻于完美"为根本追求的"完美教育思想"深得师生及社会的高度认同。学校依托丰富的海洋教育资源，十分重视海洋教育，在长期的实践中探索出海洋教育的一些特色做法。

## 二、具体实施

### （一）硬件建设

#### 1. 校内多样的海洋教育设施

青岛西海岸新区实验初级中学设有专门的海洋动植物标本展览

室、船模陈列区、学生海洋作品展览区等海洋教育设施，塑造海洋特色环境，推进海洋意识教育，丰富广大师生的海洋文化知识，打造青岛西海岸新区的海洋文化教育特色品牌。

**2. 校外多个海洋教育实践基地**

（1）鲁海丰海洋牧场实践基地

学生可在鲁海丰海洋牧场实践基地了解海洋生物和海水养殖等相关知识。

（2）中国石油大学海洋地质实践基地

学生可在中国石油大学海洋地质实践基地了解海底地形和海洋地质等相关知识。

（3）光谷产业园海洋高科技企业实践基地

学生可在光谷产业园海洋高科技企业实践基地了解海洋高科技和海洋经济等相关知识。

（4）银沙滩鱼鸣嘴海洋研学旅行基地

学生可通过研学旅行的形式掌握更多相关海洋知识。

## （二）课程开发

### 1. 与国家课程整合

青岛西海岸新区实验初级中学推行国家课程、地方课程和校本课程的三级融合，把地方课程和国家义务教育课程中的初中地理结合。地理课程中涉及海洋地形、海洋资源、海洋空间利用等多方面的海洋教育内容，因此，学校把海洋教育的地方课程整合到地理课程的学习中去，让学生对海洋知识的学习更加重视，学习成果显著。

### 2. 与多学科融合

青岛西海岸新区实验初级中学优化整合综合实践活动课程、地方课程和校本课程，开展海洋教育专题，并且要求在各个学科中不断渗透海洋教育的相关内容，如美术学科的海边写生、海洋手工艺品的制作，信息技术学科的海洋制图，语文学科的海洋文学作品诵读，思想品德学科的"课前五分钟"海洋新闻发布。各科教师立足学科实际，积极引导学生开展小课题研究，并且在6月份开设特色"海洋节"，组织"让海洋浸润课堂"实践探究活动。

### （三）教育实践

#### 1.定期开展海洋知识研究性学习小课题

学校每个学期都要组织学生开展研究性学习，其中一个专题就是开展专门的海洋知识的研究性学习。在研究性学习中，划分研究性学习小组。各小组学生根据教师指导，选取自己感兴趣的与海洋相关的课题进行研究。最后，每个小组提交一份研究报告。学校已有多份海洋知识研究性学习报告在全市的研究性学习评选中获奖。

#### 2.每学期组织一次海洋研学旅行

把贯彻落实青岛市中小学"十个一"项目中的学生每学期参加一次研学和海洋教育的要求相结合，引导学生在研学中了解身边的海洋资源，学会保护海洋资源，热爱身边的蓝色家园。

## 三、海洋研学活动

### 青岛的"天涯海角"
#### ——鱼鸣嘴海洋研学活动

## （一）研学目的地介绍

### 1. 基本概况

在青岛市西海岸新区薛家岛的最南端，陆地终端的海岬，有一个叫鱼鸣嘴的渔村，因陆地尖尖地插入黄海深处，状似鱼嘴，故得名。鱼鸣嘴村三面环海，被称为"青岛的天涯海角"，也被评为山东省最美的 10 个古村落之一，是国家级旅游度假区。

### 2. 选择依据

鱼鸣嘴的地理看点主要有以下几个方面。

①独特的地理位置——青岛的天涯海角。

②聚落的演变——城市化。

③特色民居——海草房。

④产业升级——传统渔业升级为旅游业。

⑤渔村的可持续发展之路。

因此，在鱼鸣嘴研学中融合 PBL（项目式学习），可以提炼出以下四个主要研学任务：

任务一：明确其独特的地理位置。

任务二：考察聚落的演变及特色民居海草房的消失。

任务三：探究当地产业由传统渔业升级为旅游业的原因。

任务四：探索渔村的可持续发展之路。

## （二）研学目标设计

### 1. 研学目标设计的理论基础

（1）地理核心素养

地理核心素养包括地理实践力、区域认知、综合思维和人地协调观念。

（2）义务教育地理课程标准（2011 年版）

## 2. 研学目标设计内容

研学目标设计内容表

| 研学目标 | 核心素养 | 义务教育地理课程标准 |
|---|---|---|
| 目标 1：学会使用高德地图等手机 App 导航工具，设计行程、安排路线，选择合适的交通工具到达鱼鸣嘴指定集合地点，学会使用百度地图以了解地理位置和经纬度等信息 | 地理实践力 | 根据需要选择常用地图，查找所需要的地理信息，养成在日常生活中使用地图的习惯 |
| 目标 2：学会使用"美团"等手机 App 搜索美食，预订景点门票，确定中午用餐地点。学会使用"形色"拍照识花等手机 App，辨认各种植物 | | |
| 目标 3：观察并寻找鱼鸣嘴由传统的海产养殖业升级为旅游业为主的证据，了解产业升级的概念 | 区域认知、综合思维 | 利用图文材料说明家乡主要地理事物的变迁及其原因 |
| 目标 4：寻找并观察鱼鸣嘴的聚落演变的过程，寻找特色民居海草房，了解海草房逐渐消失的原因 | | 举例说明自然环境对我国各个地区服饰、饮食、民居等的影响 |
| 目标 5：分析鱼鸣嘴的优势、不足，探讨鱼鸣嘴未来可持续发展思路 | 人地协调观念 | 了解家乡的发展规划，关注家乡的未来发展，树立建设家乡的志向 |

## （三）研学准备工作

### 1. 教师准备工作

①上网搜集资料，更多地了解鱼鸣嘴。

②现场踩点，把研学线路提前走一遍。

③编制研学手册，提前下发给学生，并做好研学培训。（研学手册见附录）

**2. 学生准备工作**

①划分研学小组。小组成员提前搜集资料，了解鱼鸣嘴的相关知识。

②查看天气预报，穿宽松、适合运动的衣服和鞋子，带好水杯和雨具，为阵雨天气做好准备。

③带好笔、手机、相机等，做好记录，搜集研学中好用的手机App 并推荐给研学小组成员，说出推荐理由。

## （四）研学开展过程

### 1. 任务一：明确地理位置

①利用百度地图，查看鱼鸣嘴街道办事处的具体经纬度，了解其所处的温度带、干湿区、气候类型等相关信息。通过百度地图读出的鱼鸣嘴的经纬度是 120.18274E,35.899581N。

②查看百度地图，了解鱼鸣嘴在青岛市的方位。了解它在薛家岛的最西端，并查找鱼鸣嘴被称为"青岛的天涯海角"的原因。

③寻找鱼鸣嘴的地标景点。在海岬的尽端寻找一座高耸的航空觇标，了解其作为航空飞行器指示物和测绘点的功能，并拍照留念。

### 2. 任务二：了解聚落演变

①学生实地调查拆迁的鱼鸣嘴村旧址，并采访周边村民。通过访谈了解到，该村全部搬入村改房南岛小镇。

②寻找当地特色民居海草房，并拍照留念。

③观察海草房并查阅资料，找出海草房建筑特色，并分析海草房

与自然环境的关系。

④探究海草房消失的原因。通过采访当地居民、查阅资料等方式找出海草房消失的原因。

### 3. 任务三：探究产业升级

①查找黄岛区旅游业发展规划（鱼鸣嘴被划入薛家岛国家级旅游度假区，以发展旅游业为主）。在未被划入旅游度假区之前，这里的人们以海产养殖和出海捕鱼为主，经济较为落后，人们的生活水平不是很高。目前大部分居民从事旅游服务行业，但仍有少部分居民从事渔业。观察出海捕鱼回来的渔船，以及少部分海产养殖的海域。

②步行至顾家岛小码头，调查码头海产品出售情况。

③利用拍照识花软件，沿途辨认不认识的植物。

### 4. 任务四：可持续发展展望

①分析讨论鱼鸣嘴发展的优势和不足，为鱼鸣嘴今后更好地发展提出建议，如大力发展旅游业，但传统渔业（出海打鱼）也是旅游资源的组成部分，要禁止海产养殖对海洋环境的污染破坏；当地海边风景非常优美，旅游资源丰富，但应完善旅游配套设施，提高周边餐饮、住宿条件等。

②未来重点发展旅游业，做好海洋环境保护很重要。沿海边徒步行走时，记录发现有海洋污染现象并捡拾垃圾，做"环保小卫士"。

## （五）研学评价

为了保证研学质量，学校制作了研学评价表。

研学评价表

| 评价项目 | 评价等级及标准 | | | 自评得分 | 小组评分 | 教师评分 |
|---|---|---|---|---|---|---|
| | A（9～10分） | B（7～8分） | C（6分及以下） | | | |
| 研学参与 | 积极参与，能较好地完成任务 | 积极参与，基本能完成任务 | 参与少，不能按时完成任务或完成任务质量差 | | | |
| 团队合作 | 团结合作，在小组中起领导作用，能主动帮助同学，提出合理化建议 | 帮助协调推动小组工作，鼓励其他成员，对小组学习有贡献 | 参与在小组的学习活动，不积极，经常做旁观者 | | | |
| 安全纪律 | 安全意识强，注意安全，不脱离集体活动，遵纪守时 | 安全意识强，不脱离集体活动，遵纪守时 | 经常需要提醒注意安全，有时脱离小组单独活动，不守时 | | | |
| 任务完成 | 开展过程科学，结论明确，数据真实，内容完整 | 开展过程合理，数据基本齐全，有结论 | 开展过程不清晰，结论不明确，数据记录不全 | | | |
| 反思感悟 | 认真总结，研学报告质量高 | 能记录研学所感，有所收获 | 应付，研学感悟反思不深刻 | | | |

# 四、经验与启示

## 1. 营造特色海洋文化氛围，打造海洋蓝色校园

通过规划，学校建设多样的海洋教育设施，同时建设五个海洋教育实践基地，营造浓厚的海洋文化氛围，打造蓝色海洋校园文化。

## 2. 融合开发课程资源，形成特色海洋教育课程

海洋教育与国家课程、地方课程、校本课程以及综合实践课程相融合，形成了一套完整的海洋教育特色课程，为更好地开展中小学生的海

洋教育提供了素材。

### 3. 开展多种海洋教育活动，形成海洋教育特色

学校开展多种多样的海洋教育活动，每学期学生完成一篇海洋相关特色研究性学习报告，每学期开展一次海洋相关研学旅行活动，成为学校海洋教育的特色活动。这些活动真正让学生走进海洋、了解海洋、热爱海洋，形成主动保护海洋环境的意识，并在实践中保护海洋环境。

### 4. 激发学生参与热情，锻炼培养多种能力

学生在轻松愉悦的海洋研学过程中学习到了海洋知识，也锻炼了沟通力、合作力、实践力等，每一次海洋研学旅行活动都给学生留下了深刻印象。

## 五、学生反馈

一位参加海洋研学旅行活动的学生表示，"每学期学校组织的海洋研学旅行活动都是我们十分期待和喜欢的。研学很轻松、很快乐，我们和小组成员、老师一起在海洋研学基地开展各种活动。这些活动是在教室里无法完成的，更多的海洋知识是在实践中获得的。通过这种方式获得的知识，我们更容易理解，印象也更加深刻。在研学中，我们提高了团队合作能力，增强了团队凝聚力。希望学校的其他课程学习也能有更加多样的方式，让我们在实践过程中学会更多知识"。

（山东省西海岸新区实验初级中学 李伟）

# 新疆古海洋遗址探索

——新疆生产建设兵团第二师华山中学海洋教育

## 一、案例概况

中国是海陆兼备的大国，中华民族有着亲海基因，但是由于各种条件的限制，新疆维吾尔自治区的学生很少有机会见到海。与沿海地区相比，这里的海洋资源很匮乏，一些学校只能从贴近海洋的资源入手，进行探究活动，激发学生对海洋的兴趣。新疆丰富而多样的自然条件和人文生态是新疆兵团第二师华山中学可以加以充分利用的独特教育资源。

学校位于库尔勒市，隶属于新疆生产建设兵团第二师，是一所12年一贯制的省级示范性学校，1983年由师党委以二师前身中国人民解放军部队番号"华山部队"的名字命名为"华山中学"。肩负先辈们的重托和期望，华山中学砥砺前行，稳步发展，努力将学校建成"学生喜欢，教师幸福、家长放心、社会满意"的教育研究型优质学校，力争为兵团的建设发展和新疆的长治久安做出更大的贡献。新疆的稳定靠的是教育，兵团稳定器、大熔炉、示范区的功能如何更好地发挥，途径之一就是从特色教育入手进行尝试和努力，海洋教育是有效的突破口。

我们尝试用开放式的综合社会实践课程实现素质教育培养目标。新疆生产建设兵团第二师华山中学作为"全国海洋意识教育基地"，

2018 年 9 月，组织了对海洋感兴趣的 25 名中小学生，针对新疆古海洋遗址开展了户外科技实践探索课程，探索古海洋的奥秘。

## 二、具体实施

学校以沙漠变迁、古海洋遗址、博斯腾湖、孔雀河、塔里木河等地域资源为基础，开展海洋科普教育活动；发挥学校 12 年一贯制优势，开展小课题研究，渗透科学研究的方法和理念。

### （一）硬件建设

#### 1. 海洋科普馆

学校的海洋科普馆近 200 平方米，房顶分别为自然资源部第三海洋研究所提供的"世界海域图"和"中国海域图"，新疆塔里木河管理局提供的"新疆塔里木河流域图"；在后墙附近，学校为学生搭建了一个沙滩场景，可让学生体验海边拾贝的乐趣。馆内还收藏了珍贵的海洋标本 45 件和学生手工制作的海洋类工艺作品。

具体实施各环节

## 2. 海洋长廊和海洋文化作品展示区

学校建有海洋长廊和海洋文化作品展示区，共计500平方米。

海洋科普馆及海洋长廊

## （二）课程教材开发

经过三年多的校本课程教材研发，在海洋专家的指导下，新疆生产建设兵团第二师华山中学编制了一套适合于新疆九年制义务教育的海洋系列校本教材，每套9本，每个年级1本。该教材是目前新疆维吾尔自治区唯一一套专门用于海洋教育的校本课程教材。其具体内容由科学、综合实践、生物、地理、思想品德等学科的教师讲授。9本校本教材的内容覆盖1至9年级共9个学段，不同学段渗透的海洋知识层次不同。小学低年级的教材以绘本、画册为主；小学中、高年级的教材以趣味探究性海洋知识为主；初中的教材以海洋知识和研究性综合实践活动为主。

## （三）课程展开

本课程将学校教学中的科学研究方法、综合实践活动理论、电子显微镜操作联系起来，探索本地区周边的古海洋痕迹，引导学生思考如何有效地避免环境污染及解决环境污染问题；在不同的生态环境中，采集有代表性的动物、植物以及矿物并制作标本。

### 1. 第一课时

学习标本夹的制作。

### 2. 第二课时

学习海洋化石采集、标本制作、地理地貌等理论知识。

蒋兴伟为我校师生讲解海洋知识

李琳梅为我校师生讲解海洋知识

学校邀请原国家卫星海洋应用中心前主任蒋兴伟老师、天津海水淡水综合利用研究所原所长李琳梅为师生们讲解海洋知识，介绍我国海洋事业的发展以及新疆古海洋的由来；邀请闫志远老师具体为学生们讲解标本采集方法，按照小组准备外出实验工具。

### 3. 第三课时

第三课时主要开展户外实践。

①首先，带领学生乘车去 150 千米之外的和硕县马兰基地旧址开展考察活动。在前置课程中，教师将学生分为 3 个小组，每组 5 ~ 6人，每小组配备有实验记录单、记录本、放大镜、标本夹、捕捞工具箱以及显微镜等材料。科学教师陈博负责第 1 小组的活动指导及安全，综合实践教师汪愉负责第 2 小组的活动指导及安全，生物教师闫志远负责第 3 小组的活动指导及安全，地理教师吴宏笙负责第 4 小组的

活动指导及安全。上午 11：00 到达地点后，前往营地整理内务，简单吃过午饭后，教师带领学生按照事先计划好的分工进行考察。

②学生去附近山上寻找一些岩石、土壤、贝壳标本等。在教师的带领下，4 个小组在沿途的山路上寻找了 2 个小时，发现了 2 块类似化石的石头，一大一小，呈黑褐色。同学们取出显微镜，认真地观察石头的结构并记录画图。吴宏笙老师对化石的由来和新疆维吾尔自治区特殊的地理位置做了详细的讲解："化石是古代生物的遗体、遗物或遗迹埋藏在地下变成的跟石头一样的东西。在漫长的地质年代里，地球上曾经生活过无数的生物。这些动物死亡之后的遗体或是生活时遗留下来的痕迹，许多都被当时的泥沙掩埋起来。在随后的岁月中，这些生物遗体中的有机质分解殆尽，坚硬的部分如外壳、骨骼等与包围在周围的沉积物一起经过石化变成了石头，但是它们原来的形态、结构（甚至一些细微的内部构造）依然保留着；同样，那些生物生活时留下的痕迹也可以这样保留下来。从化石中可以看到古代动物、植物的样子，从而可以推断出古代动物、植物的生活情况和生活环境，也可以推断出埋藏化石的地层形成的年代和经历的变化，还可以看到生物从古到今的变化等。化石有三叶虫化石、植物化石、贝壳化石、足印化石、恐龙化石、鱼化石等。在地质历史上，这里的确有过处处都有海的时期。研究证明，在二叠纪，古地中海海域就曾伸入塔里木盆地之中。"

③在吴宏笙老师讲解和带领下，学生们登上了长期经受风蚀、雨淋的山顶。吴宏笙老师结合地理学科特点为师生们介绍奇形怪状的石头的成因。学生们边听边做笔记，了解岩石的风化知识。

④从山上返回营地后，师生们在附近村民家简单地吃了一顿抓饭。虽然不是山珍海味，大家却吃得很香、很开心。饭后洗漱，整理睡袋，

吴宏笙老师讲解相关知识　　　　　　　　　　化石标本收集

每个学生对今天的活动进行记录，完成实践活动记录单。大家在一起讨论，小组内交流今天的活动成果和收获，记录自己最感兴趣的内容和感想。写完记录单后，学生已经疲惫不堪，躺下很快就睡着了，准备迎接第二天的生物标本采集工作。这些活动的目的在于培养学生写考察日志的能力，并引导他们通过对考察日志的整理和归纳，写出具有一定研究深度和独立见解的学科小专题考察报告及个人报告。在此基础上，通过小组讨论和集体研讨的方式，最终编写出《华山中学2018—2019年新疆古海洋遗迹科学考察活动集（考察报告集）》。

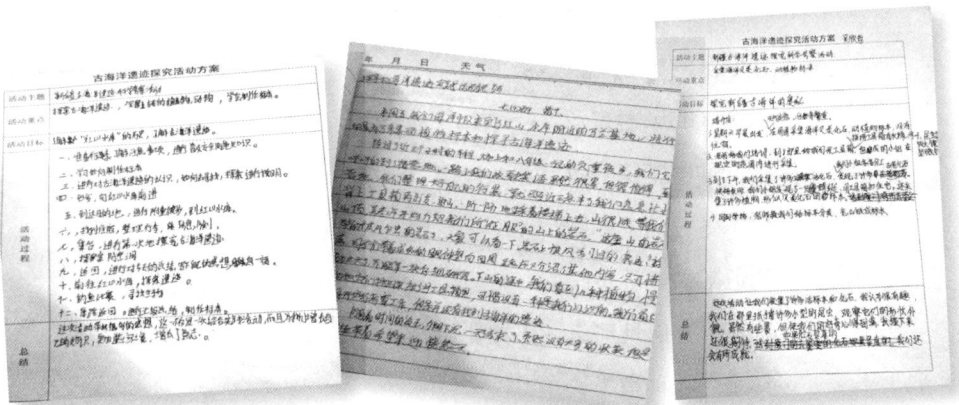

学生填写的科学考察活动方案

现场制作标本

⑤第二天清晨，在闫志远老师的指导下，学生到附近的水库边上，用工具捕捞小型昆虫、鱼等，现场将其制作成标本。经过2个小时的捕捞，生物标本丰富起来，有蝴蝶、蚯蚓、马蜂、毛毛虫、胡杨叶片、柳树叶片、鲫鱼、草鱼、五道黑（河鲈）等。

⑥在收集标本工作结束后，师生们开展了一项调查——"古海洋遗址：探访当地村民"。学生们邀请附近的牧民接受他们的调查，向他们提问事先准备好的问题：

· 在本地区生活了多长时间？

· 在山上、河边是否曾经发现过疑似贝壳状的东西？

· 本地区常年降雨量是多少？

· 本地区的风力有多大？

· 附近种植庄稼的效果怎么样？

· 草木生长情况如何？

· 附近的盐碱地多吗？

· 附近的盐碱地可以用来做什么？

· 河水中哪种鱼类最多？

· 地下饮用水质量如何？

## 三、经验与启示

通过新疆古海洋遗址探索活动的磨炼和深度体验，学生有效提升了独立思考能力、动手能力、应变能力、人际沟通能力和团队合作能力，锤炼了坚强意志和吃苦精神，培养了创新型人才所必需的品格和心理素质。活动可以让学校广大师生了解古海洋，增强热爱大海、保护大海的意识，有利于他们树立正确的人生观和价值观。因此，这种活动形式可以被视为新形势下学校德育创新的一种有效手段，同时需要设立评价体系，促进学生深度参与。

### （一）课程评价

通过建立学生学习过程档案和收集学生学习成果的方法，以定性为主、量化为辅，自评与他评相结合的多维评价方式，对学生参与综合实践活动过程中的学习态度、合作精神、探究精神与学习能力等进行评价。

实践活动合影

着重关注学生的参与态度、合作精神、探究精神和学习能力。

## （二）评价方式

评价方式体现多样化，包含以下几个方面。

### 1. 活动档案评价

教师要求各个活动小组建立活动档案，档案袋里面包括活动计划、活动记录、调查表、出勤登记表、实验记录表或调查记录表、原始数据、学习体会、日记等与活动有关的文字、图片、音像资料，以此作为小组成绩评价的主要依据。

### 2. 日常观察即时评价

日常观察即时评价贯穿于活动的整个过程。教师随时随地激励学生，调整课程实施的各个环节，也能有效地提高形成性评价的准确度和有效率。

### 3. 成果展示

成果展示包括小论文、调查报告、研究笔记、设计方案等。教师可将这些成果在校内进行展示、交流。

### 4. 项目评价与阶段综合评价

在每个活动项目结束后，组织学生进行评价，促使学生在活动之后能及时进行总结和反思。

①注重活动实施的过程。活动的负责教师要重视对学生活动过程的评价，重视学生在过程中获得的宝贵经验，通过肯定其活动价值，营造体验成功的情境。

②注重培养学生的探究精神和学习能力。教师可通过对学生在提出问题、解决问题过程中的表现及其对探究结果的表达来评价，如是否敢于提出问题，是否可以以独特和新颖的方式解决问题；是否善于

观察和记录，是否能够综合运用相关的资料、采用多种多样的方法，生动形象地展示自己的学习过程与结果等。

### （三）注意事项

这一课程的教学给教师留下了深刻的启示和思考。

①在策划、组织课程的时候，对野外实际情况需要做到多次踩点以及材料准备齐全，才能保证课程得以高效开展。

②本课程耗时 15 天，大多数时间在进行准备工作。在活动设计和实施过程中，学生主体作用发挥得较少。教师作为评价者与指导者，应让学生参与设计、实施课程，激发出学生的自主创新意识。

③学生在户外时缺乏独立生活的能力。很多学生在家都是父母包办一切，导致出现营地内务凌乱、工具材料丢失的情况。教师应引导学生一起总结，让学生在知识和能力方面都得到提高和加强。

④由于缺少专业测量分析仪器，无法准确识别在山上发现的矿物标本，在现场只能根据外观和周边环境进行猜想，捕捞、搜集到的标本也只能进行简单处理，有的还在运输过程中受到了损坏。

⑤以本地资源为切入点，挖掘生活素材，把古海洋知识融入其中。教师应结合生活实际，让学生学习一些对生活有用的实践知识，这样不仅可以丰富教材内容，激发学生学习兴趣，提高课堂教学效率，还可以引导学生正确认识人海关系，树立良好的价值观。

## 四、学生反馈

一位参加探索新疆古海洋遗址活动的学生表示，"我深刻感受到了这次活动的丰富性和独特性。在这个活动中，我们在千姿百态的峡谷之中探寻着被历史深埋的秘密，学习了丰富的知识，也更加了解了新疆的历史和文化。我们与当地居民互动、品尝当地风味、了解当地习俗，更加深入地了解这片土地的魅力"。

另一位参与的学生说："在这个活动中，团队合作尤为重要。由于探索过程中要处理各种困难和危险，我们需要通过团队协作来处理突发的各种问题。户外探险锻炼了我们的意志力和勇气，对我来说是一次充实而难忘的学习和成长之旅。它让我更加深刻地理解了新疆的文化、了解了团队合作的重要性，更加坚定了我的勇气和信念，让我成为更好的自己。"

（新疆生产建设兵团第二师华山中学　陈博）

大学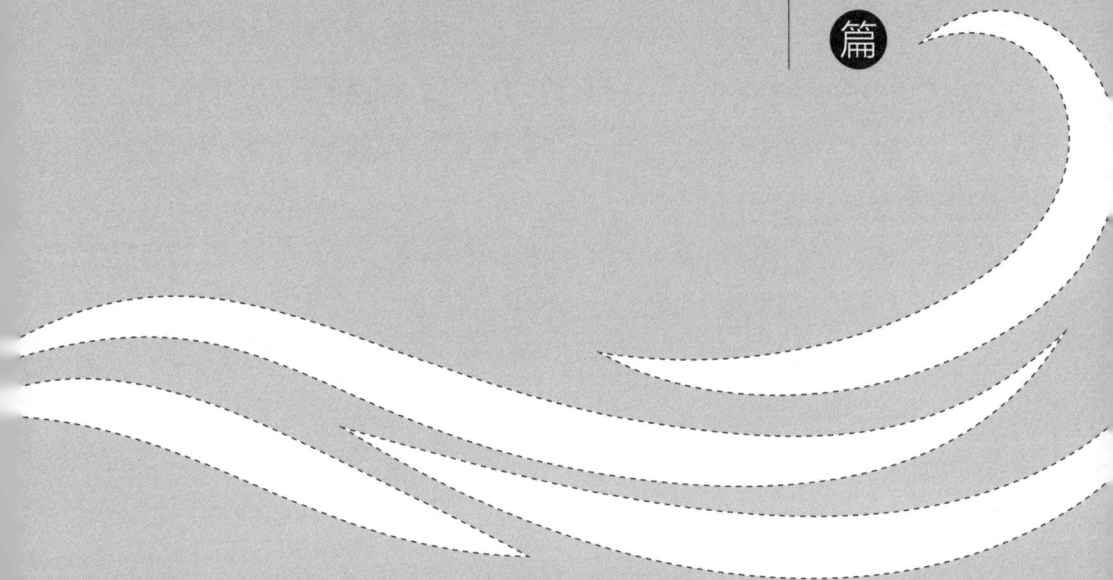篇

# 与科学家面对面，筑梦未来海洋人

## ——厦门大学 70.8 海洋讲师团探索与实践

## 一、案例概况

在厦门市海洋发展局的支持下，厦门大学近海海洋环境科学国家重点实验室、厦门大学 70.8 海洋媒体实验室与厦门市海洋国际合作中心于 2022 年 6 月 8 日全国海洋宣传日期间，共同发起"海洋讲师团"

2022 年全国海洋宣传日厦门分会场主题广场活动上，厦门市海洋发展局、厦门大学海地学院领导共同为"海洋讲师团"代表颁发聘书

科普活动。"海洋讲师团"科普活动的主办方邀请厦门大学的科研人员、科普工作者，通过海洋知识进课堂的形式，为中小学生提供接受海洋教育的机会。自2022年成立以来，"海洋讲师团"已有10位讲师，共开展4场活动。

## 二、具体实施

我们是海洋知识演讲团，话筒将我们与大众相连。我们走出实验室，踏上校园的讲台，走进公众的视野。科学不再是对着课本复读，而是科研人员与学生、大众近距离连接，发起一场场趣味的海洋漫谈。

——海洋讲师团

本项目旨在通过科学家与中小学生面对面地交流，以科学家故事和有趣的课程内容，激发中小学生对海洋的好奇心，提升其科学素养。因此，本项目的课程选题及内容设计成为重中之重，通过与试点合作的中小学科学教师团队的深度交流和探讨，最终拟订了"海洋讲师团"进校园的年度具体实施方案。

### （一）活动规划

厦门市海沧区北附学校站：2022年6月25日，1120名学生。

厦门一中海沧校区站：2022年11月18日，1000名学生。

厦门一中思明校区站：2022年12月2日，1031名学生。

厦门市音乐学校五通校区站：2022年12月5日、12月9日，245名学生。

### （二）具体实施

#### 1. 厦门市海沧区北附学校

2022 年 6 月 25 日，厦门大学郑越副教授、张亚龙博士、顾肖璇博士和吴昊昊博士来到厦门市海沧区北附学校，从不同角度与同学们分享了海洋科学知识与海洋科考经历，拓宽了同学们的海洋知识面，增进了他们对于海洋的了解。

#### 2. 厦门一中海沧校区

2022 年 11 月 18 日，厦门大学余凤玲副教授和张墨博士来到厦门一中海沧校区，为同学们分别带来了关于海平面变化、鲍鱼产业改革升级的海洋知识分享。

#### 3. 厦门一中思明校区

2022 年 12 月 2 日，厦门大学海洋与地球学院院长、近海海洋环境科学国家重点实验室主任史大林教授为厦门一中思明校区的千余名高中生带来题为"海洋与全球变化"的讲座，现场气氛热烈，学生们积极提问，纷纷针对自己感兴趣的海洋问题向史大林教授请教。

2022 年 6 月 25 日，厦门大学吴昊昊博士在厦门市海沧区北附学校分享海洋科学知识

2022 年 6 月 25 日，厦门大学顾肖璇博士在厦门市海沧区北附学校分享海洋科学知识

2022 年 11 月 18 日，厦门大学余凤玲副教授在厦门一中海沧校区分享海洋知识

2022 年 11 月 18 日，厦门大学张墨博士在厦门一中海沧校区分享海洋知识

2022 年 12 月 2 日，厦门大学海洋与地球学院院长、近海海洋环境科学国家重点实验室主任史大林教授，为厦门一中思明校区的千名高中生带来题为"海洋与全球变化"的讲座

2022 年 12 月 2 日，厦门大学海洋与地球学院院长、近海海洋环境科学国家重点实验室主任史大林教授会后回答学生提问

厦门大学唐甜甜副教授以实验课与公开讲座相结合进行课程设计

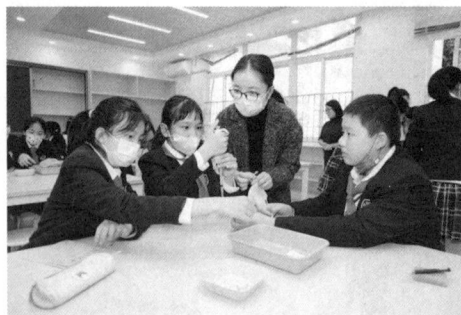

科学家带领小学生们观察藻类，通过实验理解浮游植物和有机物等概念

### 4. 厦门市音乐学校五通校区

厦门大学唐甜甜副教授携 5 位研究生组成团队，以实验课与公开讲座相结合的方式进行课程设计。科学家带领小学生们观察藻类，通过实验理解浮游植物和有机物等概念。

## 三、经验与启示

### 1. 面对面讲解

海洋讲师团直接进校园，开办特色讲堂，旨在提升厦门青少年的海洋科学素养和海洋保护意识，让滨海城市的孩子们从小了解海洋、热爱海洋、保护海洋。

### 2. 近距离互动

科学家们的科普课把复杂晦涩的科学知识转化为通俗易懂的语言，为同学们带来了一场科学盛宴，充分满足了学生学习、求知的欲望，激发了他们研究、探索的兴趣。同学们不但在讲座过程中听得很认真，讲座结束以后，更是有机会与教授近距离提问互动。

### 3. 手把手实践

将动手实验与课程讲座结合，通过趣味的实验课让学生直观地认识到了浮游植物的不同形态、生活中常见物质中存在的有机物，激发了他们对于海洋生物的极大兴趣。

### 4. 云端化传播

海洋讲师团不仅面向线下的学生们，更是通过新媒体团队的力量，在线上进行广泛的科普传播，各平台传播总量超过了 20 万次，也因此吸引了厦门市以外众多中小学、教育企业及单位的合作邀约。

## 四、学生反馈

"海洋讲师团"进校园这种模式很受学生欢迎，把科学家邀请到校园里来授课，用浅显易懂的语言讲述深奥的科学知识，理论与实践相结合，这样的趣味课堂让学生们学得多、学得快，课后还可以与科学家面对面交流，解答学生心中的疑惑。

（厦门大学　厦门市海洋国际合作中心）

# 行走的课堂

## ——中国海洋大学特色研究生公共选修课"海洋科考认知实践"

## 一、案例概况

"海洋科考认知实践"研究生公共选修课授课地点为以国之重器——"东方红 3"船为旗舰的"东方红"系列科考船,面向全校和驻青、驻琼高校院所,自 2020 年开课以来,共 30 余批次 4000 余名研究生登船学习。课程将海洋科考的理论学习和实践操作相结合,两天一夜均在海上,融入"海洋强国与伟大复兴"思政元素,每一批次课程思政内容全覆盖,创立了课程思政育人的新范式,被《人民日报》《中国教育报》等 20 余家主流媒体报道,入选《中国研究生》"研究生教育这十年"专刊、山东省教育厅"致敬品牌·献礼二十大"大型展示传播活动、《2022 年青岛教育蓝皮书》、第七届青岛市教育改革优秀成果,相关成果获省级研究生教学成果奖 2 次(分别为山东省、海南省最高奖)。

## 二、具体实施

21 世纪是海洋的世纪。习近平总书记在考察中国海洋大学三亚海洋研究院时强调,建设海洋强国是实现中华民族伟大复兴的重大战略任务。中国海洋大学以建设海洋强国为己任，以"为党育人、为国育才"为追求，培养了一大批"崇尚学术、谋海济国"的优秀人才，成长为国家海洋事业的领军人才和骨干力量。近年来，中国海洋大学认真学习贯彻习近平总书记关于研究生教育工作的重要指示，围绕学校"双一流"建设目标，坚持以国家重大战略和地方经济社会发展需求为导向，深耕内涵发展，把立德树人作为研究生培养的根本任务，将理论学习和实践活动相结合、专业知识学习与思想政治教育相融合，打造"行走的课堂"，致力于培养更多知海、爱海的海洋拔尖创新人才。

## （一）感受国之重器，实现科研平台共享

本课程依托于中国海洋大学"东方红"系列科考船，其建造过程是中国海洋科考船发展的缩影和见证，是我国海洋事业发展的重要标

中国海洋大学研究生公共选修课"海洋科考认知实践"师生合影

志。从 1965 年至今，"东方红"系列科考船作为"海上流动实验室"，将我国的海洋科考事业从黄海、渤海等近海拓展到四大洋和南北极，为国家抢占海洋科技创新高地做出了重要贡献。

"东方红 3"船 2019 年 6 月建成交付中国海洋大学使用，是我国自主创新研发的新一代深远海综合科学考察实习船，也是目前全球最大静音科考船。"东方红 3"船长 103 米、宽 18 米，实验室总面积达 600 平方米。船内配备国际最先进的船舶装备和先进的水体、海底、大气等探测系统，遥感信息观测印证系统，化学、生物、底质实验分析系统等；同时建立了与此相适应的实验室和甲板作业空间，可开展高精度的全海深和空间一体化的海洋综合科学考察。

### （二）突出海洋特色，构建"五育并举"课程体系

每批次课程伊始，"东方红 3"船伴随着汽笛声从奥帆中心码头出发，航行至青岛胶州湾腹地的大公岛海域。师生通过观看离泊和航行过程，实地观察并体验沿途海洋环境状况。

登船后的课程设置环节紧凑、内容丰富，颇具海洋特色。首先，工作人员介绍在船生活学习的注意事项与规则要求，帮助学生尽快适应船上生活，树立规则意识。随后，师生通过观看宣传片，参观驾驶室、生活区和实验区，进一步加深对"东方红 3"船的了解。接下来，实验室老师介绍海洋水文、海洋气象、海洋生物、海洋化学、海洋地质等方面的海洋调查基本知识。学生学习船载先进海洋调查仪器设备的相关知识后，现场观摩 CTD（Conductance Temperature Depth，温盐深测量仪）探测与样品采集全过程。此外，全体学生学习逃生技能并开展弃船求生演习。

为贯彻落实习近平总书记在全国教育大会上的重要讲话精神，课

参观"东方红3"船驾驶室

聆听实验室老师讲授海洋调查基本知识

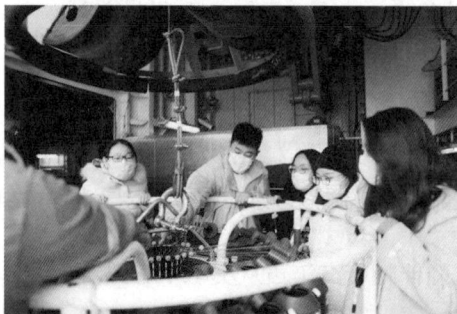

现场体验CTD（温盐深仪）探测与样品采集全过程

学习逃生技能并开展弃船求生演习

程构建德、智、体、美、劳全面培养体系，融入体育教育，依托船上健全的体育设施，引导学生在课程间隙开展体育锻炼，增强体魄；融入劳动教育，课程教学期间，餐厅、住舱、实验室和公共区域的卫生打扫任务由学生分担，部分学生自发协助船上工作人员准备食材、摆放餐具，体验"自己动手，丰衣足食"的乐趣，使学生爱护公物、热爱劳动的意识得到进一步加强。课程还邀请国家"万人计划"教学名师、"感动青岛"道德模范、食品科学与工程学院汪东风教授为师生带来《茶艺基本知识》的精彩报告。

## （三）融入思政元素，塑造"谋海济国"价值

"东方红3"船建设工程指挥部总指挥、时任副校长闫菊做"'东方红'科考船的前世今生"报告

校党委常务副书记张静做"浩海求索是 谋海济国功"校史校情报告

校党委副书记卢光志做"不忘初心 不辱使命 不懈奋斗"报告

为打造高层次、高质量、高水平的课程思政体系，课程中融入"海洋强国与伟大复兴"思政元素，"东方红3"船建设工程指挥部总指挥、时任副校长闫菊，党委常务副书记张静，党委副书记卢光志等学校领导和马克思主义学院20余名思政教师分别登船讲授思政报告，做到每一批次课程思政内容全覆盖。该做法有效激励了研究生领悟和践行以"海纳百川，取则行远"的校训和"崇尚学术、谋海济国"的价值取向为内核的中国海洋大学精神，意识到海洋强国对我们整个国家民族复兴的重要意义，努力成长为深远海研究领域的领航者。

课余时间，各学生团支部、党支部组织主题团日活动和主题党日活动，学生通过重温入团、入党誓词等仪式，表达努力学习、报效祖国的决心。"东方红3"船成为学生喜爱的"流动思政课堂"。

在"东方红3"船上举办主题党日活动

## 三、经验与启示

课程自 2020 年面向全校和驻青、驻琼高校院所研究生开课以来，每次一经发布，不到一分钟就被"抢空"。截至目前已成功举办 30 余航次，来自中国海洋大学、山东大学、哈尔滨工程大学等高校的 4000 余名师生登船学习，促进学生主动将个人追求融入海洋强国建设的伟大实践中，完成从"理想中的实践"到"实践中的理想"的转变。

本案例的推广价值主要有以下四点。

一是它创造性地将"海洋强国与伟大复兴"思政内容与"海洋科考认知实践"公共选修课相结合，开创了校领导讲授思政课的崭新教学方式，构建了塑造"谋海济国"价值取向的"新红船"，增强了学生爱国、爱校的责任感和荣誉感。

二是在海洋科考航次体验中传承了"不畏艰险，敢为人先"的"东方红"（海洋）精神，坚定了学生无私奉献、建功海洋的决心。

三是依托"东方红3"船先进的海洋调查装备，提高了研究生的创新实践能力和海上实训水平。

四是德、智、体、美、劳"五育并举"，有助于研究生全面成长成才，培养社会主义合格建设者和可靠接班人。

课堂教学过程中，师生交流充分，学生参与度高。实验室技术人员在介绍海洋调查基本知识时科普性与专业性兼具，并在讲解结束后解答学生问题，分享出海经历，激发学生对海洋的热爱和好奇心。亲身体验海洋科考主要环节，理论知识讲解与实际操作相配合，能够使学生们深刻体会海洋调查工作人员的艰辛和无私奉献精神，坚定其投身海洋、建设海洋，为国家海洋强国建设贡献力量的决心。校领导介绍我国自主研发"东方红3"船的历史，让学生更真切地了解海洋强国对国家民族复兴的重大意义。

为期两天的"海洋科考认知实践"课程，授课地点独特、时间安排紧密、课程设计新颖、课程内容丰富，既有理论学习、现场观摩，又有实践教学、互动交流，学生在实践中学真知、悟真谛，实现德、智、体、美、劳"五育"并举，为培育坚守学术理想、坚定报国之志的海洋强国领军人才和骨干力量提供了坚强保障。

今后在课程实施过程中，学校将进一步针对不同专业背景的学生优化课程设计，提升思想政治内容和专业知识授课教师业务水平，扩大课程覆盖面；结合世界海洋日和全国海洋宣传日等重要宣传节点，依托新媒体平台加强课程推广宣传，提升课程知名度和吸引力。

## 四、学生反馈

"登上'东方红3'船，感受'不畏艰险、敢为人先'的'东方红'精神，见证新中国海洋科考事业的迅速发展。"中国海洋大学经济学院学生褚天扬感悟颇深，"变化的是海大的人和故事，不变的是海大人'崇尚学术、谋海济国'的价值追求。数代海洋科学工作者乘风破浪、上下求索的历史，坚定了我在海洋专业方向深耕的决心和信心。作为新时代海大学子，我们要继承并发扬海大的学术精神，在自己的专业领域不忘初心，踏浪前行。"

（中国海洋大学）

# 山海同频

## ——浙江海洋大学网络海洋科普公益活动

## 一、 案例概况

"山海同频"项目是以浙江海洋大学所属的全国科普教育基地——海洋生物博物馆为主体，充分整合校内外特色海洋资源和师资力量，以"线上"网络连线和直播的方式为主，以"线下"实地帮教方式为辅，长期坚持，为中西部特别是贫困地区中小学生群体开展海洋知识科普的公益活动。项目紧紧围绕海洋生物探知、濒危生物保护、生物标本制作、海洋文化探索等主题，精心策划和设计生动有趣的科普知识，充分拓展中小学生的视野，在他们心中播撒海洋强国的种子。目前，已形成"云游海洋生物博物馆""神奇的头足类""海洋生物标本制作"等系列海洋科普课程。

## 二、具体实施

### （一）巧用资源，让海洋标本"活"起来

浙江海洋大学自 1998 年学校海洋生物博物馆建立之日起，便主动承担起了面向全国的海洋公益科普教育任务。由学校 100 余名师生组成的科普团队，紧紧围绕海洋资源、海洋科技、海洋生物等主题，

面向全国大中小学生持续开展系列海洋科普和义教活动，年均接待中小学生等群体 1 万余人次左右，精准引导广大青年学生树立正确的海洋观。

浙江海洋大学海洋生物博物馆一角

经过十余年的精耕细作，浙江海洋大学海洋生物博物馆先后获得浙江省科普教育基地、全国科普教育基地、全国海洋科普教育基地、全国水产科普教育示范基地等称号。

疫情防控期间，"山海同频"海洋科普公益项目巧用海洋生物博物馆 1289 平方米场地，梳理、整合馆藏的 2000 余种、2 万余件的各类海洋动植物标本（涵盖腔肠、棘皮、甲壳、软体、鱼类、爬行类以及哺乳类等门类，标本类型涉及剥制、浸制、干制和骨制等多类型），让这些"沉寂"的海洋资源，通过短视频、线上直播等方式"活"起来，让中西部地区的孩子们通过屏幕便能欣赏、感受到海洋的神奇和澎湃力量。

"山海同频"海洋科普公益项目组还进一步将这些海洋标本资源"数字化"。中西部孩子们通过扫码等方式，便可在"线上"轻松获取图片、视频、文字相结合的海洋科普知识，大大拓宽了他们的学习渠道，同时也为项目组开展"海洋科普援建"工作打下了坚实的数据资源基础。

通过线上直播的形式为学生展示海洋藻类等各类标本

## （二）精心设计，让科普知识"靓"起来

为了提升"山海同频"海洋科普公益项目的专业度和服务力，浙江海洋大学积极整合海洋专业师生力量，鼓励多位副教授职称以上的专业教师积极参与项目，专门为"山海同频"海洋科普公益项目量身打造授课课程，并将浙江省级优秀学生社团——浙江海洋大学海洋生物协会学生纳入日常辅助服务力量。这些专业力量的组建，为"山海同频"海洋科普公益项目的科普行动提供了重要的智慧支撑。

项目组结合中西部学生实际情况，精心设计了"云游海洋生物博物馆""神奇的海洋生物""海洋生态多样性""海洋珍稀濒危保护动物""鱼类知多少""神奇的头足类""有趣的比目鱼""海洋生物标本制作小课堂"等课程（具体课程内容介绍详见附录）。每一门课程都依托海洋生物博物馆和学校实验室相关平台特有资源，将原本"生硬"的科普知识，通过形象、生动的展示化教学，使其更"靓丽"、更"有趣"，让孩子们隔着屏幕也能"沉浸"其中。

## （三）爱行千里，让山海距离"近"起来

近年来，"山海同频"海洋科普公益项目对新疆阿克苏舟山博爱

希望小学、青海囊谦县小学等单位开展了海洋科普援建工作，捐赠
300 余件海洋生物标本和各类海洋主题图书，并帮助他们建立了微型
海洋科普馆。在此基础上，"山海同频"海洋科普公益项目不断完善
项目设计，与中国儿童少年基金会少年公益学院、滇西北支教团、益
微青年等公益平台合作，为银川实验小学、新疆兵团华山中学、湖南
石黄小学、湖南娄底鹏程完小等单位开展了线上海洋科普知识授课工
作，受到了校方的一致好评。接下来，"山海同频"海洋科普公益项
目组还将与滇西北区域代表性学校合作，开展线上海洋知识科普、当
地教师海洋知识授课培训、微型海洋科普馆援建等工作，以深度推进
"山海同频"海洋科普公益项目建设。同时，还计划进一步扩大科普
队伍，将知识内涵延展到舟山海洋地标文化、海洋非遗文化等领域，
以充分挖掘、彰显舟山的区位特色资源优势。

## 三、经验与启示

### 1. 精耕细作，久久为功

自 2016 年开始，浙江海洋大学立足浙江，面向全国，通过举办
海洋科普专家讲座、委派科普志愿者义教、开通云游博物馆直播等方
式，将海洋科普课程带给祖国中西部的中小学。在此深耕的基础上，

为湖南娄底鹏程完小学生开展网络海洋科普

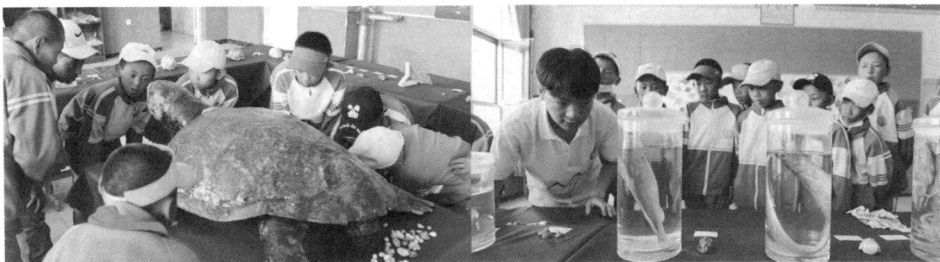

项目组将海洋科普馆"打包"送到囊谦县第二完小

结合疫情实际，组建"山海同频"海洋科普公益项目，陆续与新疆维吾尔自治区的阿克苏、湖南新邵、宁夏回族自治区银川等中西部地区的近10个中小学联合开展"缘自海洋，情系边疆""与海结缘，筑梦深蓝"等主题科普行动，惠及数万名中小学生。这充分发挥了浙江海洋大学的海洋特色，将海洋科普课堂传遍全国，为持续引导广大青少年更好地树立现代海洋观念，培育海洋人才，建设海洋强国而努力，生动地贯彻了我国海洋强国战略。

### 2. 使命传承，倾力而为

浙江海洋大学海洋生物博物馆由赵盛龙教授带领历届学生，制作一件件标本，日复一日、年复一年地建设而成，发扬了浙江海洋大学师生自强不息、坚守海岛办学的开拓精神。这份沉甸甸的海洋使命，被一代代师生所传承。大家倾力为之，才有了一个个国家级荣誉称号，才有了惠及全国众多中小学生的科普行动的常态化开展。除了开展"山海同频"公益科普行动之外，学校海洋生物博物馆每年组织承办世界海洋日、省海洋知识竞赛等大型主题科普活动6～8次，参与全国科技周、全国科普日等校内外科普活动10余次，累计提供科普服务10万余人次。

为银川实验小学开展"山海同频"网络海洋科普，获得央视报道

### 3. 策划提升，有为而宣

"山海同频"海洋科普公益项目组精心策划选题，结合相关热点，开展对外宣传工作，进一步提升了品牌的影响力。目前，"山海同频"海洋科普公益项目的相关活动已得到中央电视台新闻频道、人民日报新闻客户端、中国青年报客户端、新华网、中新网等主流媒体的关注和报道。项目组的科普工作得到中国科学技术协会的认可，并以"海洋科普向西行"为主题于 2022 年 9 月成功荣获中国科学技术协会"翱翔之翼"大学生科技志愿服务项目支持。2022 年 11 月，获得舟山市第十三届网络文化季"最佳活动奖"荣誉。

（浙江海洋大学）

**附录：课程内容简介**

课程 1　云游海洋生物博物馆

用 45 分钟的时间，带大家一起近距离观察海洋生物博物馆的馆藏珍稀标本，一起了解海洋生物的秘密。

课程 2　神奇的海洋生物

通过讲述生命的起源，海洋物种种类、数量以及它们奇妙的生存之道、神奇的传说等，揭开海洋生物的面纱，与大家一起探索真实的海洋生物世界。

课程 3　海洋生态多样性

从螺藻丛生的潮间带到深至万米的马里亚纳海沟，从极寒的南北极到近于沸腾的海底热液口，都有各种各样的海洋生命的存在。本课程让学生了解海洋中典型的生态系统类型，不同生态系统的生物物种组成、代表种类与生长特性。

课程 4　海洋珍稀濒危保护动物

海洋环境受到多方面的威胁，曾经产量辉煌的大黄鱼、曼氏无针乌贼在东海几近绝迹；长江白鲟被宣布灭绝；儒艮在我国海域"功能性灭绝"。本课程将带学生了解海洋保护动物名录，并分享浙江海洋大学海洋生物博物馆处理过的海洋保护动物"案件"，带大家认识可能成为下一个"儒艮"的海洋动物。

课程 5　鱼类知多少

世界上到底有多少种鱼？鱼类有牙齿吗？鱼类怎么呼吸的？鱼类会发声吗？它们怎么繁殖的？本课程将为学生一一解答他们对于鱼类的疑惑，了解鱼类的生存之道。

课程 6　神奇的头足类

章鱼、墨鱼、鱿鱼，它们的名字中虽然都有"鱼"字，但是它们都不是鱼，而是隶属于软体动物门头足纲。它们身怀绝技，号称"变色达人""柔术大师""伪装高手"等。本课程将带学生了解头足类动物的多种"神秘"行为和神奇特点。

课程7　有趣的比目鱼

本课程介绍比目鱼的分类、形态特征、常见种类、发育和进化等内容，让大家了解眼睛长在身体同一侧的比目鱼如何捕食猎物以及在海底"行走"等方面的生存竞争优势。

课程8　海洋生物标本制作小课堂

本课程为动手实践课程，向学生介绍、展示生物标本的主要类型，并以一种海洋生物树脂包埋标本现场制作为例，教学生制作一件可以长久存放的海洋生物包埋标本。

（浙江海洋大学）

# 蓝梦共潮涌

——"海洋欢乐谷"平台海洋教育路径探索

## 一、案例概况

"海洋欢乐谷"是由中国科普作家协会海洋科普专业委员会与中国海洋大学出版社联合创办的海洋教育平台，包括微信公众号、网站、微博、知乎号和网易号，致力于提高大众（尤其是青少年）的海洋意识，普及海洋科普知识，传承海洋文化。"海洋欢乐谷"团队包括固定人员6人、学生助手2人。自创办以来，"海洋欢乐谷"开展了一系列海洋教育活动，包括定期推送海洋科普内容，依托中国海洋大学出版社组建科普宣讲团，将海洋科普带入校园，邀请科普作家、科学家进行精彩的科普讲座，承办夏令营等研学活动，开发海洋领域线上课程，等等。"海洋欢乐谷"在科普圈产生了一定的影响力。2022年，"海洋欢乐谷"微信公众号入选山东省科普示范工程项目。

## 二、具体做法

### 1. 着力打造海洋科普精品，定期进行海洋科普内容推送

海洋是生命的摇篮，资源的宝库，文化交流的通路，经贸往来的航道，国家安全的屏障。关于海洋，人们要了解的内容浩如繁星，无

穷无尽。"海洋欢乐谷"平台从以下几方面着手，定期推出优秀海洋科普作品。

第一，积极邀约海洋科学领域的研究专家致力于科普创作事业，将研究成果转化为易于大众所理解的科普作品。例如，"海洋欢乐谷"平台向第一位乘"蛟龙"号下潜至 3500 米以上级深海的科学工作者李新正研究员约稿。李新正研究员的科普文章《万物生长不一定靠太阳》让青少年见识了鲜为人知的深海冷泉生物群落，使青少年燃起了探索深海秘境的热情；"海洋欢乐谷"平台还向海洋底栖生物研究专家曾晓起教授约稿《海盘车》，使得青少年全面了解了近些年在青岛胶州湾大量聚集、捕食近岸海域底播养殖蛤蜊的"元凶"——海盘车，认识到了维护海洋生态平衡的重要意义。

第二，深度挖掘中国海洋大学出版社已有的丰富的科普作品素材，进行海洋科普小品文、音视频的创作。2011 年以来，"海洋欢乐谷"的创办单位——中国海洋大学出版社依托中国海洋大学强大的海洋学科优势，大力实施海洋科普与海洋文化普及出版工程，每年均有精品力作出版。"海洋欢乐谷"平台对这些宝贵的海洋科普资源进行深度挖掘、二次创作，形成了一批适于通过网络传播的优质科普作品。例如，"海洋欢乐谷"平台为儿童文学作家朱晋杰创作的"海洋精灵之歌"丛书的部分科普儿歌录制了音频，形成了"聆听海洋"特色栏目；邀请画手，以"珊瑚礁里的秘密"科普丛书的部分篇章为蓝本，创作了《釉彩蜡膜虾》等有趣的科普漫画。

第三，依托中国科普作家协会海洋科普专业委员会，邀请写作经验丰富、文字功底深厚的作家从事海洋科普创作。例如，"海洋欢乐谷"平台邀请中国科普作家协会会员、"五个一工程"奖获得者张冲老师创作了形象生动的《弹涂鱼趣话》。

第四，在全国范围内，广泛邀约海洋爱好者、海洋科普博主，依据青少年的兴趣点，创作了内容丰富的科普作品，形成了一个个富有吸引力的品牌科普系列，如"潮间带赶海"系列、"蟹考记"系列、"您可能吃到了假鱼"系列、"蒙特波卡"系列。

第五，加强海洋教育内容策划力度，根据相关海洋热点话题、海洋相关节庆日活动等，策划相应的、有热度的"应景"内容。例如，《美人鱼2》热映之时，"海洋欢乐谷"平台推出了《美人鱼——儒艮》一文；世界鲨鱼日，《鲛腾四海，鲨行远洋》一文受到关注；中秋节，《以月为名，海洋探"月"》一文带领读者了解海洋中以"月"为名的生物。

第六，"海洋欢乐谷"团队成员在日常工作、生活中积累海洋科普素材，精心构思，从事创作。例如，团队成员孙玉苗创作的海洋科普文学作品《找寻与重生——〈海的女儿〉续》获得第七届中国科普作家协会优秀科普作品奖（青年短篇科普佳作类）金奖。

砥砺深耕，持之以恒。目前，"海洋欢乐谷"微信公众号发布原创作品790余件，总阅读量57万次；微博共发5696条，单条阅读量超过153万次；知乎号和网易号总阅读量均超过180万次。

### 2. 组建海洋科普宣讲团，助力中小学海洋教育工作

充分利用中国海洋大学出版社的人才资源，鼓励多个专业的科学素养好、表达能力强的编辑加入海洋科普工作队伍，组建了海洋科普宣讲团。宣讲团成员来到学生们身边，以通俗易懂的语言，春风化雨般地用海洋相关知识润泽孩子们的心田。目前，"海洋欢乐谷"平台组织的海洋公益讲座已走进青岛大学路小学、香港路小学、莱芜二路小学、嘉峪关学校、格兰德小学等10余所学校，受到热烈欢迎。

### 3. 整合优秀科普资源，开发线上海洋课程

"海洋欢乐谷"已经积累了丰富的海洋科普作品，中国海洋大学

宣讲团成员在青岛嘉峪关学校讲课

出版社也出版了诸多海洋领域的优秀图书。"海洋欢乐谷"平台和中国海洋大学海洋文化教育研究中心合作，整合这些资源，结合科普进校园公益讲座的经验和收到的教师、学生的反馈，进一步发掘这些资源的价值，研发并录制了线上课程，推送到国家中小学智慧教育平台，

线上课程截图

丰富了其教学资源。

### 4. 和其他平台合作，推广优质海洋科普内容

为了顺应时代发展需要和国际上"向海"的形势，响应国家的号召，满足人们对海洋相关知识的渴求，"海洋欢乐谷"平台在《科普时报》开设了发表高质量海洋科普小品文的"海洋大观"专栏和发表优秀海洋科普漫画的"漫话海洋"专栏。"海洋欢乐谷"平台也同中国海洋大学"海洋强国"学习平台合作，推广优质海洋科普内容。相关合作扩大了海洋教育的受众面，提高了优秀海洋科普资源的利用度。

### 5. 利用青岛地域和海洋科技优势，承办海洋研学活动

2019 年，"海洋欢乐谷"平台组织并承办了由中国海洋发展基金会主办的"海洋欢乐谷"研学夏令营。来自我国中西部地区 6 所中学的 58 名学生和 6 名老师参加了此次研学夏令营。营员参观了中国海洋大学鱼山校区和崂山校区、海军博物馆、青岛海洋科学与技术试点国家实验室（现为崂山实验室）、青岛贝壳博物馆、青岛华大基因研究院（国家海洋基因库）、五四广场、奥帆中心、中国大洋样品馆、青岛海底世界、中华人民共和国水准零点。全国海洋观教育基地前主任干焱平老师、海洋底栖生态学领域科学家李新正老师、北极科学家

营员参观青岛海洋科学与技术试点国家实验室（现为崂山实验室）

营员参观中国大洋样品馆

赵进平老师和中国海洋大学出版社孙玉苗编辑做了有关海洋权益、深海探索、极地科考和海洋饮食文化讲座。我们还邀请了有丰富调查经验和标本采集、鉴定经验的老师，指导营员进行了一次卓有成效的赶海活动。此次夏令营活动提高了营员的海洋意识，有助于其树立正确的海洋观，点燃了其耕海探洋的梦想。

李新正老师在做"深海生物多样性"讲座

赵进平老师在做"天涯咫尺的北极，万里相随的科学"讲座后和营员进行交流

## 三、经验与启示

### 1. 重视内容质量

"海洋欢乐谷"平台对海洋教育内容的质量，有两方面的要求。

（1）科学严谨，求真求善

导向正确、积极向上、科学合理是海洋教育的根基和灵魂。这就要求海洋教育工作者用正确的海洋观武装自身，培养求真、严谨的作风，注重学习，勤于查证。

赶海

（2）通俗易懂，润物无声

海洋教育承担着"教化""育人"的功能，内容通俗易懂才能让青少年乐于学、学得会，达到良好的效果。这就要求海洋教育工作者丰富内容的表现形式，拥有扎实的文字功底，散文简明直接，童话引人入胜，诗歌琅琅上口、便于记忆，漫画形象有趣，视频直观、有冲击力……在研究受众心理的基础上，选择合适的表现形式，运用拟人、比喻等多种修辞手法，丰富海洋教育形式，才能够润物无声。

## 2. 丰富教育途径

通过网络，如利用微信、微博等新媒体进行海洋教育，具有灵活方便、受众广泛、传播快速的优点。然而，这种途径多数情况下只是单方面的教育输出，缺少和青少年的互动。进入课堂，面对面讲授，更便于为青少年答疑解惑。然而，"纸上得来终觉浅，绝知此事要躬行"。知识、技能等不仅需要通过语言传授，更需要青少年亲身运用。青少年在实践中巩固已知，获得新知。也就是说，不仅要授之以鱼，更要授之以渔。然而，线下课堂和实践探索受成本高、受众有限、时机等的限制，因此，多途径结合进行海洋教育是必然的选择。

## 3. 寻求多方合作

一个团队的力量终究是有限的，和他方合作，才能把海洋教育做得有声有色。和学校合作，让海洋教育有了发挥作用的营地；和海洋研究专家合作，海洋研究专家不仅能传授海洋知识，还能讲述探索海洋的过程和方法，能指引青少年向海而行；和博物馆、海洋馆等合作，让青少年有更多认知海洋的渠道；和其他传播平台合作，充分利用优秀海洋教育资源，让更多人受益。

"向海而荣，背海而衰。"青少年是我们国家未来的中流砥柱，承载着实现中华民族伟大复兴的希望。加强对青少年的海洋教育，为其投身于海洋强国建设打下坚实的思想基础和知识基础，是全社会的责任。在涌动的蓝色浪潮中，"海洋欢乐谷"平台也在贡献自己的力量，助力青少年乘风破浪、谋海济国！

（"海洋欢乐谷"平台）